JN223002

Excel ユーザーのための Power BI 品質解析入門

BIツールによるデータの「見える化」と解析

山田　浩貢 著

日科技連

はじめに

IoT(Internet of Things：モノのインターネット)の進展により、生産にかかわるビッグデータは大手企業だけでなく中小企業でも蓄積されるようになってきています。これまでの製造業のデータ分析はExcelが主流でしたが、Excelのみではビッグデータの活用には対応できません。そのため、「どうしたらよいかわからない」という声をよく聞きます。

本書ではExcelよりも大量データが扱えるMicrosoft社のBIツール(Business Intelligence tool：データを集約、可視化、分析することで、意思決定や課題解決を支援するツール)であるPower BIを使用して、「見える化」から解析といったデータ活用の手順を具体的に解説します。

本書のねらいは、ビッグデータ活用のユーザーの短期育成と企業内におけるビッグデータ活用人材を拡大です。Excelユーザーが製造業でビッグデータでの見える化、解析を効果的に行い、具体的効果を出すためのスキル習得をめざしているのです。

本書には以下のような特徴があります。

① BIツールとしては安価で、Excelと親和性の高いPower BIを使用して生産現場で必須となるQC七つ道具の品質解析をテーマに解説している。

② 「データ収集項目の洗い出しや定義設定」「具体的なグラフの表現方法」については品質解析ですぐに使用できるサンプルを用意している。そのため、サンプルグラフを流用してアレンジし、自分流に使用することができる。

③ 本書のデータ、グラフのサンプルは日科技連出版社HP(ホームページ)よりダウンロードできる。

④ 「Power BIの操作から学びたい」「品質解析の考え方を知りたい」「品質解析の手順といった実務での利用方法を理解したい」などニーズや習得したいレベルに合わせて興味のある章から読んでも理解できる構成としている。

なお、本書は製造業のすべての担当者・管理監督者と幅広い利用者を対象としています。

みなさまの業務に本書が役立つことを願ってやみません。

2024年8月

山田　浩貢

■「Excelユーザーのための Power BI 品質解析入門」Excelデータダウンロードのご案内

本書で使用したPower BIの基本データをウェブサイトからダウンロードできます。下のQRコードを読み込んで必要情報とメールアドレスを入力するとメールにダウンロードサイトのURL（株式会社アムイのホームページ、https://amuy.jp/download）が表示されダウンロードできます。

注意事項

著者及び出版社のいずれも、本対応表をダウンロードしたことに伴い生じた損害について、責任を負うものではありません。

Excelユーザーのための Power BI品質解析入門
BIツールによるデータの「見える化」と解析

目　次

装丁・本文デザイン＝さおとめの事務所

第1章

品質解析の目的及び
ビッグデータ解析による付加価値

1.1　品質解析の目的

品質管理の目的は「顧客が満足する製品を経済的に作り出すこと」にあります(図1.1)。そのためには次のことを実現します。

①　製品の欠点を防止する。

②　製品や作業におけるばらつきを少なくする。

③　作業の不具合をなくすとともに効率向上をはかる。

そのために次の方策を実施します。

④　事前に予測し予防する方法を考える。

⑤　発生したものや類似の事例に対し再発防止を図る。

1.1.1　顧客が満足する製品を経済的に作り出す品質管理とは

品質管理を強化するために画像検査システムを導入するケースがよくあります。これは人が属人的に工数をかけて実施している検査に、画像検査システムの導入することです。これにより、「作業のばらつきを少なくする」「検査の工

顧客が満足する製品を経済的に作り出すこと

- 製品の欠点を防止する。
- 製品や作業におけるバラツキを少なくする。
- 作業の不具合をなくすとともに効率向上を図る。

▼

- 事前に予測し予防する方法を考える。
- 発生したものや類似の事例に対し再発防止を図る。

図1.1　品質管理の目的

数を削減する」という目的は達成しますが、画像検査システムの導入は、本来の品質管理の目的である顧客が満足する製品を経済的に作り出すことにはつながりません。

次に不具合が発生してから原因を分析して手直しなどを図り、出荷する、または出荷不能と判断して廃棄するといった対応を行うケースがあります。こちらについても市場には品質を確保した製品だけを流通していますが、不具合が発生しますので、十分な対応とは言えません。検査をしっかりしているだけで、不具合の原因を分析して再発防止策を立案して実施しなければ品質は向上しないからです。

1.1.2　品質向上のためのポイント

ではどうしたらよいのでしょうか。大事なことは次の２点です。

①　事前に予測し予防する方法を考える。

②　発生したものや類似の事例に対し再発防止を図る。

(1)　事前に予測し予防する方法を考える

まず、検査の結果がよくても各工程の製造条件が良品条件に入っているかどうかを確認します。製造条件とは各工程で製造する際に良品を製造するための各種条件を指します。

例えば、加工する際の温度条件や素材量の投入量などが該当します。設計段階で良品となる条件を品質条件として公差(上下限値)を決めています。生産している各工程の製造条件の推移を見ていき範囲から超えたものが多くなると不具合が発生するため、対処します。例えば成型をしていると金型が劣化してきますので、メンテナンスをするといった対応をすることで不具合が発生するのを防止することにつながります。

(2)　発生したものや類似の事例に対し再発防止をはかる

「(1)事前に予測し予防する方法を考える」の対応をすることにより、不具合発生を予防していても予期しない不具合が発生することがあります。その場合、一般的には品質不具合連絡票を記載して「不具合発生日」「発生工程」「不具合事象」「不具合数量」「発見部署」「発見者」を起票します。

すぐに対処が必要となりますので、まず「応急処置」を行います。例えば汚れがひどい場合に「清掃する」という応急処置を行うことになります。

生産が復旧させても当面問題が発生するため、その後、「暫定対応」を行います。例えば「1週間に1回清掃する」といった対応です。

しかし、これでは根本的な解決になりませんので「発生原因」を明確にします。「発生原因」は「汚れた」ではなく、「原料にテープで止めるため接着材が付着している場合があるため汚れる」といった不具合発生の真の原因「要因」を明確にすることが重要です。「発生原因」を「要因」レベルまで明確にできたら「恒久対策」として「テープ止めしている材料をカットして使用する。」といった対策を立案し実施します。これらの一連の不具合発生～応急処置～暫定対応～恒久対策までの流れを再発防止策の立案や是正処置と呼びます。

(3)　QC七つ道具の活用

再発防止のための管理を行うために一般的に使用される手法が「QC七つ道具」です(図1.2)。

①　チェックシート…データをとり記録に残すフォーマット

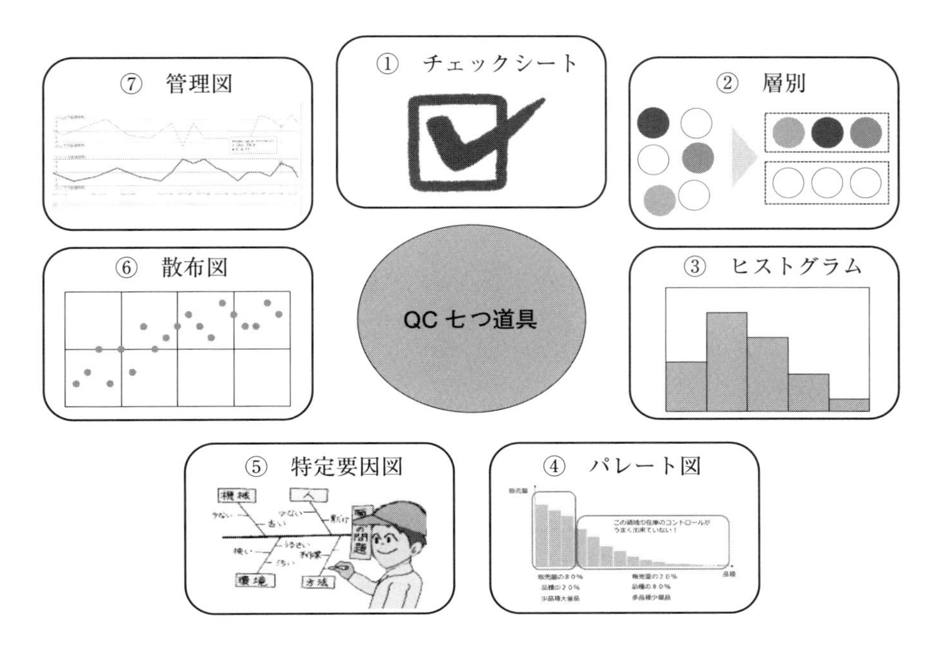

図1.2　QC七つ道具

② 層別…複雑なデータや難しい問題を同類の物でまとめてわかりやすくする。
③ ヒストグラム…度数分布表といわれ、データがどう分布しているか判断する。
④ パレート図…棒グラフと折れ線グラフを用いて重点目標を明確にする。
⑤ 特性要因図…問題の真の原因となる「要因」を魚の骨のようにまとめていく。
⑥ 散布図…2種類のデータをＸ軸とＹ軸にプロットして相関を明確にする。
⑦ 管理図…中心線となる上下管理戦でデータのばらつきや正常、異常を判断する。

これらの道具を使いこなすために製造業ではQCサークル活動を定期的に行い、実際にこのツールを使って実践することで品質管理手法を身に着けています。

1.2　品質解析の主な課題

品質解析における主な課題は次の４点があげられます。

1）　データ量不足の課題
2）　データ種類不足の課題
3）　大量データ可視化の課題
4）　QC七つ道具連携上の課題

これらについて次に解説します。

1.2.1　データ量不足の課題

QC七つ道具で品質状況を見る場合、製造条件や検査結果の情報は膨大な量となります。IoT化が進んでいる大企業の場合、ある製造業では１カ月１ラインの製造条件と検査結果の情報は１億件になりました。この情報をうまく保存ができておらず結果的にはロット単位でデータをまとめて保持していくため、3カ月、半年、１年といった長期スパンの推移を見たい場合に人手でデータを加工して確認する必要がありました。

その結果、すべての品種やラインで分析をするにも時間がかかるため十分に分析ができなくなったのです。

1.2.2　データ種類不足の課題

次に「データ種類不足の課題」があります。

製造条件や検査結果のデータを使って解析したところある日を境にして急に製造条件の値が違っていることが判明しました。その原因を探っていこうとしても値が変化した前後で何が行ったのかはデータでは確認できないため、保全の担当やメーカーにその日にメンテナンスをしたか連絡を取って確認をしたところ、しばらくして相手と連絡がとれて設備の治具を交換したことがわかり、対応が不十分だったことが原因と特定できました。

他にも定期的に製品の品質が悪くなるという問題がありました。社内の工程の製造条件をしらみつぶしに分析しても加工上で問題が特定されないため、高度な検査機を予約して何日かしてから使用してみたら製品に微細なゴミが付着していることがわかりました。そこで、仕入先に同一ロットの検査データを提示してもらったところ、仕入先から購入した部品のあるロットで生産したものが不具合発生の原因だったことが判明しました。

このように製造条件や検査結果のデータだけでは不具合の具体的な発生箇所は特定できても、具体的な発生原因までデータだけでは特定できないケースがあります。

1.2.3　大量データ可視化の課題

「1.2.1　データ量不足の課題」でも説明しましたが1ライン1月1億件のデータが蓄積されている状態でそのデータをQC七つ道具で可視化しようとしてもうまく可視化できません。Excelを活用しているケースが多いため大量データが扱えず蓄積された大量のデータからExcelで表示することが可能なデータを抽出するために何度もデータを間引いたり、結合したりするのに時間がかかっていることが多いのです。データの加工に手間取るとほしいデータだけを現場で手入力して収集し、見たいグラフ表示をするといった本末転倒な対応をしているケースもあります。

1.2.4　QC七つ道具連携上の課題

例えば、ヒストグラムである時間範囲の品質結果にばらつきを見たとします。ばらつきが多いことがわかったとします。そこで、同じ時間範囲の製造条件を相関図で比較したいと考えた場合、その時間範囲の製造条件のデータを抽出して、検査結果の時間範囲のデータに結合してそのデータで相関図を表示する必要があります。

相関図を見て、さらに後工程からポイントとなる製造条件を前工程に遡ろうとすると何度も別の製造条件のデータを抽出しなければならず時間がかかります。

QC七つ道具でいろいろな切り口で分析する手法があったとしても大量のビッグデータを扱う場合にデータ抽出がボトルネックとなって、分析が滞るケースがたびたび発生します。その結果、時間切れで真の原因が特定できず再発防止策の立案に至らない結果に終わってしまうこともあります。

つまり、品質解析を行うQC七つ道具の手法があっても本来扱うデータ量が多く、データの種類も多岐に渡るため十分な解析ができないことが課題なのです。

1.3　品質解析課題の解決策

「1.2.4　QC七つ道具連携上の課題」で述べた課題のデータ抽出に多大な時間がかかるという問題の解決策は次の２つです。

①　ビッグデータ収集・蓄積環境の構築

②　ビッグデータ解析ツールの整備

1.3.1　ビッグデータ収集・蓄積環境の構築

まず、品質管理に必要な製造条件、検査結果のデータを洗い出し、極力設備から自動で収集する環境を構築します。そのためにIoTを活用します。

IoTは「収集」「蓄積」「活用」のフェーズに分かれます(図1.3)。「収集」では次の手段で収集を行います。

《4つの収集》

①　設備から自動で収集

②　外付けセンサーで自動収集

③　現場作業者による情報機器からの収集

④　手書き情報をシステムオペレーター手入力

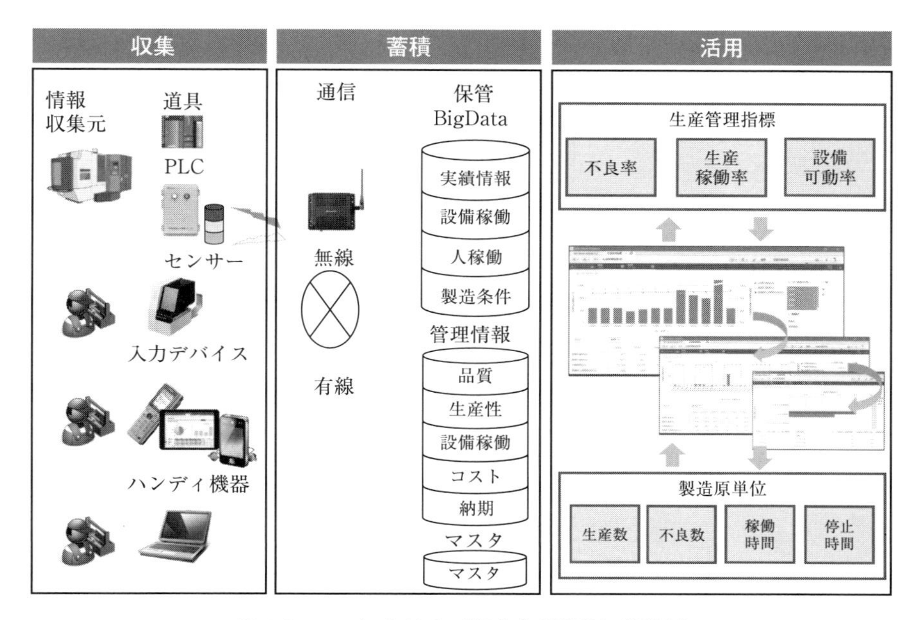

図 1.3　IoT における「収集」「蓄積」「活用」

現場管理に必要な情報をすべて設備から自動的に収集できるのは理想ですが、それは不可能なため、なるべく情報収集にかける工数を減らす工夫をすることが重要です。

1.3.2　ビッグデータ解析ツールの整備

「収集」「蓄積」する環境が構築できたらビッグデータを解析するツールを整備することになります。これには一般的に BI ツール（Business Intelligence tool）を使用します。

BI ツールとは企業が持つさまざまなデータを分析・「見える化」して、経営や業務に役立てるソフトウェアのことです（表 1.1）。BI はビジネス・インテリジェンスの略です。つまり、BI はビジネスの意思決定にかかわる情報を意味します。企業の IT、IoT ビッグデータ活用が拡大し、経営に役立てる動きがますます高まっている中、データを用いて、迅速かつ精度の高い意思決定を行うためには、BI ツールという道具の活用が欠かせません。ビッグデータ分析において、BI ツールのシェアは飛躍的に高まっています

表1.1　BIツールとは

項目	説明
BIツールとは	BIツールとは企業が有するさまざまなデータを分析・見える化して、経営や業務に役立てるソフトウェア。BIはBusiness Intelligence(ビジネス・インテリジェンス)、つまり、ビジネスにかかわる情報という意味
概要	企業のIT、IoTにおいてビッグデータ活用が拡大し、経営に役立てる動きが高まっている。データを用いて、迅速かつ精度の高い意思決定を行うためには、BIツールの活用が欠かせない。ビッグデータ分析において、BIツールのシェアは飛躍的に高まっている。
特徴	BIツールの目的・役割は、膨大なデータから必要な情報を引き出し、経営や売り上げに拡大に活用するために分析して、レポーティングすることである。BIツールは、誰にでも活用できる。いちいちExcelで手計算する必要がなくなるので便利である。代表的なBIツールには、Power-BI、Tableau、QlikSenseなどがある。
Power BIとは	Power BIは、Microsoftが提供しているBIおよびデータの可視化のための統合ツールセットである。Power BIを使用することで、異なるデータを統合し、リアルタイムでダッシュボードやレポートを作成し、データを視覚的に理解することができる。

BIツールの目的・役割は、膨大なデータから必要な情報を引き出し、経営や売り上げ拡大に活用するために、分析してレポーティングすることで、誰にでも利用できることに意味があります。BIツールを使えば、いちいちExcelで手集計する必要がなくなります。

代表的なBIツールにはTableau、QlikSense、Power BIなどがあります。

Power BI(パワービーアイ)は、Microsoftが提供しているビジネス・インテリジェンス(BI)およびデータ可視化のための統合ツールセットです。Power BIを使用することで、異なるデータソースからデータを統合し、リアルタイムでダッシュボードやレポートを作成し、データを視覚的に理解することができます。

1.4　ビッグデータ解析の付加価値

ここでは本来の品質解析を実現することによる次の2つの付加価値について

解説します。

①　ビッグデータ解析ルールの可視化による価値

②　ビッグデータ解析そのものの価値

1.4.1　ビッグデータ解析ルールの可視化による価値

検査不正問題や市場クレームが発生すると企業信用が低下し、事業に大きなダメージを受けます。品質不正は防ぐことは、必須なのです。そのためには、製造業においては、工場で生産したものがどの工程でどのような製造条件で生産され、検査結果が具体的にどうだったのかといった情報がデジタル化されている必要があります。従来のように人間が紙に起票して現場の紙を見なければわからない状況と比較するとデジタル化されている製造業のほうが、情報を把握しやすく、情報の共有化も図れます。紙で起票し、業務が属人化していると管理基盤では企業が不明確になります。今後はそのような製造業者は淘汰される可能性が高まるでしょう。

1.4.2　ビッグデータ解析そのものの価値

デジタルでデータを収集すると精緻な解析が可能となります。また、データ解析が迅速化されます。紙ベースでは、データを収集して抽出するのに何日も要していたのが、数時間で解析ができ、要因特定がされるようになります。そうなると再発防止策が確実に立案でき、是正措置が行われ品質が向上していきます。これにより本来の品質管理の目的が達成されるのです(図 1.4)。

①　品質のチェックがデジタルに行われるため、正確な判断ができる。

②　不具合が発生した際にデータの収集、解析のグラフ作成が自動で行われビッグデータを多角解析することにより不具合の要因特定が迅速に行える。

③　品質不具合連絡の関係部署巻き込んだ解決でのプロセスが現場見なくても行えるため、是正措置での再発防止策が確実に立案できる。

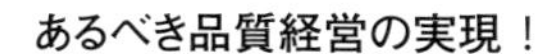

あるべき品質経営の実現！

図 1.4　IoT 導入による品質管理上のメリット

第２章

品質解析における
ビッグデータ解析の手順

2.1　ビッグデータ解析の全体の流れ

品質解析におけるビッグデータ解析の全体の流れは次のとおりです。

①　データ構造を定義する。

②　解析するためのグラフを作成する。

③　グラフを使用してデータを解析する。

2.2　データ準備のポイント

最初の手順は「①データ構造を定義する」です。

解析をするためには、グラフが必要です。しかし、ビッグデータの場合は膨大なデータの中から必要なデータを抽出して可視化することになります。そのため、ビッグデータから取り出しやすいデータ構造を定義する必要があります。

この「データ構造の定義」にあまり時間をかけずにグラフを作り始めると必要なグラフが開くまでに、かなりの時間がかかり、実際には使えないといったことが起こります。

「データ構造の定義」を行えば、ビッグデータから必要なデータを表示しやすくでき、結局時間も短縮できるのです。本書では実際に使用している事例を元に定義したデータ構造を紹介します(第３章)。まずはこのまま受け入れて試していただければ問題ありません。

2.3　グラフ作成のポイント

「②解析するためのグラフを作成する」についてはExcel利用者ならばかなりの時間をかけてグラフ作成を習得した経験があるのではないでしょうか。高度な表現でもみなさんがすぐに表現できるスキルを持っているケースも多いです。第4～6章では、Excelと同じくMicrosoft社が提供しているBIツールのPower BIを使用していますので、Excelとの操作方法の違いを具体的に示して、解析します。まずサンプルを元にグラフを作成していけばコツがつかめるようになっています。品質解析で使用するグラフは一通り説明していますし、他の生産性などの分析に使用するグラフにも利活用できるようになっています。

2.4　データ解析のポイント

最後のグラフを使用して解析する方法についても、第7章において、いろいろなケースを洗い出して具体的に説明しています。異常が発生してからその原因を特定するケースや日々の5M1Eの変化点を見て、不良発生を防止するにはどうしたらよいかについてもまとめています。

第３章

データの準備

3.1　準備するデータの全体像

データを収集して活用するには、まず項目やデータ間のつながりを整理する必要があります。この章では、サンプルデータによる例を用いてデータ構造について説明します。品質解析に必要な情報は大きく３つに分類されます。

① **マスタ情報**…拠点、ライン、工程、品種などデータベースで基本となる情報

② **生産情報**…ロット、シリアル、生産基準、生産実績など生産過程で発生する個々の生産の管理情報

③ **検査／製造条件情報**…検査基準、検査実績、製造条件(基準値)、製造条件(測定値)など品質管理上必要となる個々の品質の管理情報

「①マスタ情報」は事前に準備をしておく必要があります。

「②生産情報」「③検査／製造条件情報」は実際の生産や検査時に個々に収集していきます。

これらのデータの持ち方を誤ると品質解析の際に必要な粒度でデータを抽出できなくなり、また適切なグラフを表現できなくなることがあります。そうするとデータ構造の再定義に手戻りすることになりますから、これは大事な工程です。データの準備はあらかじめどのような項目をどのデータに持たせるかをしっかり検討する必要があります。

本書では実際に使用しているデータ構造のサンプルとして山田工業というプリント基盤に半導体素子やICチップなどを実装した電子部品を製造・販売する製造業を例題として用意していますのでこちらを参考にしていきましょう。

3.2　山田工業のマスタ情報

品質解析においてマスタ情報は重要な役割を持ちます。主に解析する検査結

果や製造条件を絞り込むための項目の選択にマスタ情報を使用します(図3.1)。

例えば、山田工業の1号ラインで検査不良が多く発生した場合、全体のデータの中から1号ラインに絞って解析を行いたいところです。

山田工業の2号ラインも同じような電子部品を生産しているのであれば、1号ラインのグラフと2号ラインのグラフを並べて比較すると解析がしやすくなります。この場合、解析における1号ラインや2号ラインの切り分けの情報としてマスタ項目を準備する必要があります(図3.2)。

山田工業では、本社工場と第2工場の2拠点があり、それぞれ複数ラインから構成されます(図3.2)。

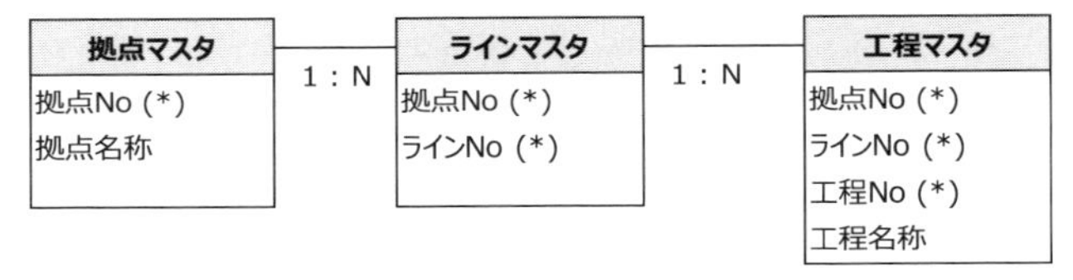

図3.1　マスタのデータ構造例

拠点マスタ

拠点 No	拠点名称
MN01	本社工場
MN02	第2工場

ラインマスタ

拠点 No	ライン No	ライン名称
MN01	LN01	1号ライン
MN01	LN02	2号ライン
MN01	LN03	3号ライン
MN02	LN01	1号ライン
MN02	LN02	2号ライン

工程マスタ

拠点 No	ライン No	工程 No	工程名称
MN01	LN01	101	はんだペースト印刷工程
MN01	LN01	102	部品実装工程
MN01	LN01	103	リフローはんだ付け工程
MN01	LN01	104	外観検査工程
MN01	LN01	105	電気検査工程
MN01	LN01	106	機能検査工程

品種マスタ

品種コード	品種名称
2AA1	2A-A1 型基板
2AA1	2A-A1 型基板
2AA2	2A-A2 型基板

図3.2　マスタ情報データ例

3.3　山田工業の生産情報

3.3.1　ロット情報

生産情報の内、「ロット」は同一の 5M1E の条件で生産するまとまった単位の情報です。

ロットは基本品質管理上のまとまった生産単位です。そのため、同一ロット内の各種製造条件のばらつきを見て品質を解析します。

項目としてはマスタ情報で定義した「拠点」「ライン」「工程」「品種」と「ロット No」で構成されます。ロット No. は基本的に「品種」＋「年月日」＋「ロット連番」で定義されます。

図 3.3 のサンプルデータではロット情報に「拠点名称」「ライン名称」「品種名」といった名称項目を記載しています。これは途中でラインや品種などの変更があった場合に、当時の情報で解析ができるようにするためです。あえて正規化（コードと名称を別テーブルにする手法）をせずにロット情報にマスタのすべての情報を持たせているのです。

「ロット情報」「生産情報」「検査／製造条件情報」は IoT システムから収集するのが一般的です。

「拠点」「ライン」「品種」「ロット」は IoT システムからコード値のみ収集して、Power BI に取り込む際にマスタ情報から名称の項目を付与できるとよいのです。この考え方は 3.4.1 項「検査基準」と 3.4.2 項「検査実績」においても重要となりますので、3.4.1 項の「検査基準」でも説明します。

「ロット情報」に名称の情報を持たせる方法では 1 件当りのデータ長が長くなりますので、データ件数が多い場合はサーバの容量が圧迫されるというデメリットもあります。目的やデータ量に合わせて、同じ項目を冗長に持たせるかどうかは、適切に判断することが重要です。まずは本書のサンプルどおりに始

ロット

拠点 No	拠点名称	ライン No	ライン名称	品種コード	品種名	ロット No
MN01	本社工場	LN01	1 号ライン	2AA1	2A-A1 型基板	2AA1-20240401-01
MN01	本社工場	LN01	1 号ライン	2AA1	2A-A1 型基板	2AA1-20240401-02
MN01	本社工場	LN01	1 号ライン	2AA2	2A-A2 型基板	2AA2-20240401-01
…	…	…	…	…	…	…

図 3.3　ロット情報データサンプル

めていただければ基本的に問題なく運用できます。

3.3.2　シリアル情報

検査不正問題などの多発により、製造業においては製品個々の検査情報及び製造条件の記録が必須となっています。この「製品個々の情報」がこのシリアル情報です。

シリアル情報はマスタとなる「拠点」「ライン」「品種」に「ロット No.」と「シリアル No.」から構成されます(図 3.4)。シリアル No. は基本的に「ロット No.」＋「シリアル連番」で定義されます。

同一ロットで生産する場合、個々の製品を識別するためにシリアル No の情報が必要です。例えば、あるロットの中で 1 つだけ特定の検査値が他のものから外れている(飛び値という)場合、たとえそれが規格値内であっても確認する必要あります。シリアルまで管理していると、実際にどのシリアルが飛び値となったものかを特定することができます。

3.3.3　生産基準

生産を管理する場合、例えば 1 時間で 100 個の生産実績が上がったときにそれが妥当なのかを判断するためには、基本はサイクルタイムなどの基準となる情報が必要となります。これが生産基準です。

生産基準情報は「拠点」「ライン」「工程」「品種」のマスタ情報と「MCT（マシンサイクルタイム）」「設備」「配置人員」の項目で構成されます(図 3.5)。

今回は品質解析を主目的にしていますが、生産性を評価する生産管理指標としては、一般的に「可動率(べきどうりつ)」「一人時間当たり出来高」「設備総合効率」を使用します。この生産管理指標を算出するためには生産基準情報が必要です。データサンプルは自動化ラインなので配置人員数は未設定にしていますが、人作業の工程では配置人員数を設定します。

3.3.4　生産実績

「生産実績」とは、品種ごとの生産実績情報のことです。

品質管理や生産性を分析するにはロット内のシリアル個々の粒度で完成となった数と時刻情報を収集することが重要です(図 3.6)。

シリアル

拠点 No	ライン No	品種コード	ロット No	シリアル No
MN01	LN01	2AA1	2AA1-20240401-01	2AA120240401010001
MN01	LN01	2AA1	2AA1-20240401-01	2AA120240401010002
MN01	LN01	2AA1	2AA1-20240401-01	2AA120240401010003
MN01	LN01	2AA1	2AA1-20240401-01	2AA120240401010004
MN01	LN01	2AA1	2AA1-20240401-01	2AA120240401010005
MN01	LN01	2AA1	2AA1-20240401-01	2AA120240401010006
MN01	LN01	2AA1	2AA1-20240401-01	2AA120240401010007
…	…	…	…	…

図 3.4　シリアル情報のデータサンプル

ロット

拠点 No	ライン No	工程 No	品種コード	MCT	設備 No	配置人員数
MN01	LN01	101	2AA1	3.4	S101	
MN01	LN01	102	2AA1	3.4	S102	
MN01	LN01	103	2AA1	3.4	S103	

図 3.5　生産基準情報データサンプル

拠点 No	ライン No	品種コード	ロット No	シリアル No	工程 No	生産日時	生産指示 No	設備 No	担当者
MN01	LN01	2AA1	2AA1-20240401-01	2AA120240401010001	101	2024/04/01 09:29:20	SS101	S101	
MN01	LN01	2AA1	2AA1-20240401-01	2AA120240401010001	102	2024/04/01 09:29:30	SS102	S102	
MN01	LN01	2AA1	2AA1-20240401-01	2AA120240401010001	103	2024/04/01 09:29:40	SS103	S103	
MN01	LN01	2AA1	2AA1-20240401-01	2AA120240401010001	104	2024/04/01 09:29:50	SS104	S104	
…	…	…	…	…	…	…	…		…

図 3.6　生産実績情報データサンプル

3.4　検査／製造条件情報

3.4.1　検査基準

「検査基準」とは、検査項目ごとのID、名称、属性、単位、規格の上下限値の基礎情報です(図3.7)。

新製品の生産開始をした当初は上下限値が設定されていない場合もありますので、ある程度生産して管理幅が確定した段階で検査基準を設定します。

次に生産を継続していく中で基準値の変更も発生します。長期間のデータを品質解析する場合に実績データにもその時点の基準値を持つことで基準値と実績値の推移を確認することができます。

3.4.2　検査実績

検査実績は大きく次の3つの情報から成り立ちます。

①　検査結果

②　検査明細

③　検査基準

「①検査結果」は生産したシリアルのOK／NGの検査結果とNG発生時の不良内容を表します。各工程検査や最終製品検査として、複数回検査を行う場合もあるかと思いますが、その個々の検査ごとに記録します(図3.8)。

「②検査明細」は1回の検査における、検査項目ごとの測定値や検査判定結果を表します。山田工業では電子部品の電気検査工程で、特定の箇所の電流値や電圧値を計測していますが、この1つひとつの値を検査明細としてデータ収集します(図3.9)。

「③検査基準」は「3.4.1　検査基準」でも説明しましたが、検査したタイミングで設定していた単位や規格値の情報です。情報収集端末(PLCやラズパイなどのIoT機器)から「①検査結果」「②検査明細」を取得した際に、検査基準値マスタと照合して検査基準のデータを生成します。後から検査した際の基準値を確認するために、生産したシリアル単位にデータを記録します(図3.10)。

3.4.3　製造条件(基準値)

製造条件の基準も検査基準と同様に設定します。製造条件も設計時点で規格ごとの基準値を決めますのでその値を設定します(図3.11)。

拠点 No	ラインNo	工程 No	品種コード	検査項目 ID	検査項目名称	属性	単位	規格上限	規格下限
MN01	LN01	105	2AA1	105001	温度	numeric	℃	30	20
MN01	LN01	105	2AA1	105002	電流(位置 A)1V	numeric	mA	15	10
MN01	LN01	105	2AA1	105003	電流(位置 A)10V	numeric	mA	130	100
MN01	LN01	105	2AA1	105004	抵抗値(位置 B-C)	numeric	kΩ	0.10	0.07
MN01	LN01	105	2AA1	105005	検査機	string			
…	…	…	…	…	…	…	…	…	…

図 3.7　検査基準情報データサンプル

拠点 No	ラインNo	品種コード	ロット No	シリアル No	工程 No	日時	判定結果	不良コード
MN01	LN01	2AA1	2AA1-20240401-01	2AA120240401010001	105	2024/04/01 09:30:00	OK	
MN01	LN01	2AA1	2AA1-20240401-01	2AA120240401010002	105	2024/04/01 09:32:00	OK	
MN01	LN01	2AA1	2AA1-20240401-01	2AA120240401010003	105	2024/04/01 09:34:00	OK	
MN01	LN01	2AA1	2AA1-20240401-01	2AA120240401010004	105	2024/04/01 09:36:00	NG	001
MN01	LN01	2AA1	2AA1-20240401-01	2AA120240401010005	105	2024/04/01 09:38:00	OK	
…	…	…	…	…	…	…	…	…

図 3.8　検査結果情報データサンプル

拠点 No	ライン No	品種コード	ロット No	シリアル No	工程 No	検査項目 ID	日時	値	マスタバージョン
MN01	LN01	2AA1	2AA1-20240401-01	2AA120240401010001	105	105001	2024/04/01 09:30:00	22.245	01
MN01	LN01	2AA1	2AA1-20240401-01	2AA120240401010001	105	105002	2024/04/01 09:30:00	11.725	01
MN01	LN01	2AA1	2AA1-20240401-01	2AA120240401010001	105	105003	2024/04/01 09:30:00	112.983	01
MN01	LN01	2AA1	2AA1-20240401-01	2AA120240401010001	105	105004	2024/04/01 09:30:00	0.079	01
MN01	LN01	2AA1	2AA1-20240401-01	2AA120240401010001	105	105005	2024/04/01 09:30:00	1A	01
…	…	…	…	…	…	…	…	…	…

図 3.9　検査明細情報データサンプル

拠点 No	ライン No	工程 No	品種コード	検査項目 ID	マスタバージョン	工程名称	検査項目名称	属性	単位	規格上限	規格下限
MN01	LN01	105	2AA1	1051001	01	電気検査工程	温度	numeric	℃	30	20
MN01	LN01	105	2AA1	105002	01	電気検査工程	電流(位置 A)1V	numeric	mA	15	10
MN01	LN01	105	2AA1	105003	01	電気検査工程	電流(位置 A)10V	numeric	mA	130	100
MN01	LN01	105	2AA1	105004	01	電気検査工程	抵抗値(位置 B-C)	numeric	k Ω	0.10	0.07
MN01	LN01	105	2AA1	105005	01	電気検査工程	検査機	string			
…	…	…	…	…		…	…	…	…	…	…

図 3.10　検査基準情報データサンプル

拠点 No	ライン No	工程 No	品種コード	製造項目 ID	製造条件項目名称	属性	単位	規格上限	規格下限
MN01	LN01	101	2AA1	101001	温度	numeric	℃	280	220
MN01	LN01	101	2AA1	101002	ずれ量(位置 A)	numeric	μm	−0.01	−0.01
MN01	LN01	101	2AA1	101003	ずれ量(位置 B)	numeric	μm	−0.01	−0.01
MN01	LN01	101	2AA1	101004	ずれ量(位置 C)	numeric	μm	−0.01	−0.01
MN01	LN01	101	2AA1	101005	スキージ No	string			
…	…	…	…	…	…	…	…	…	…

図 3.11　製造条件(測定値)データサンプル

拠点 No	ライン No	品種コード	ロット No	シリアル No	工程 No	製造条件項目 ID	日時	値	マスタバージョン
MN01	LN01	2AA1	2AA1-20240401-01	2AA120240401010001	101	101001	2024/04/01 09:30:00	250.991	01
MN01	LN01	2AA1	2AA1-20240401-01	2AA120240401010001	101	101002	2024/04/01 09:30:00	0.000	01
MN01	LN01	2AA1	2AA1-20240401-01	2AA120240401010001	101	101003	2024/04/01 09:30:00	0.000	01
MN01	LN01	2AA1	2AA1-20240401-01	2AA120240401010001	101	101004	2024/04/01 09:30:00	0.000	01
MN01	LN01	2AA1	2AA1-20240401-01	2AA120240401010001	101	101005	2024/04/01 09:30:00	1A	01
…	…	…	…	…	…	…	…	…	…

図 3.12　製造条件情報データサンプル

3.4.4　製造条件(測定値)

品種ごとのロットや個々のシリアルを生産した過程の各工程の製造条件下で、数値で取得するものを特性値と呼びます。その特性値の測定した値(測定値)を記録します(図 3.12)。例えば厚みや温度といった項目が該当します。

3.4.5　製造条件(治工具)

品種ごとの生産工程の設備で使用する治工具の番号を記録します。例えば金型の番号といった項目が該当します。

第４章

グラフの作成

4.1　作成するグラフの全体像

解析のための主要なグラフは次の８種類です。

① **棒グラフ**……ロット別不良数など、項目ごとの頻度や数量を比較・分析する。

② **円グラフ**……不良要因の割合など、全体に対する比率を分析する。

③ **折れ線グラフ**……時系列の検査値の遷移など、トレンドを分析する。

④ **散布図**……シリアルごとの検査値など、隣接する値同士の比較はしないが、全体的なトレンドを分析する（相関図と同義となる使い方もある）。

⑤ **相関図**……製造条件と検査結果の関係など、２つの項目に対し相関関係の度合いを分析する。

⑥ **分布図**……特定の検査項目の値がばらついていないかなど、対象範囲内の値の分布状況を分析する。

⑦ **パレート図**……発生頻度が高い順にした不良要因など、発生量が多く効果的に対処したい部分を抽出する。

⑧ **ヒートマップ**……平面的な広がりを持つ製品の各位置ごとの厚みなど、位置に依存した影響を分析する。

どのBIツールを使う場合でも、基本的なグラフ設定は次の４つがあります。

1)　グラフ種類……棒グラフ／折れ線グラフといったグラフの種類

2)　軸項目……グラフ表示のデータ粒度を表す項目（基本的にはＸ軸に設定される）

3)　集計項目……グラフ表示する項目（基本的にはＹ軸に設定される）

4)　集計方法……どの粒度でどの項目をどのように集計するかを表す設定

これらの考え方は次節の「4.2　棒グラフ」のPower BIでのグラフ作成例を読む中でより明確にわかるようになると思います。

ここで簡単に説明しておくと、ロット別不良数を棒グラフで表示する場合、

① グラフ種類＝棒グラフ
② 軸項目＝ロット No
③ 集計項目＝不良コード
④ 集計方法＝件数カウント

となります。

4.2 棒グラフ

4.2.1 一般的な棒グラフ

一般的な棒グラフの作成は次の Step で実施します。

Step 1 「視覚化」タブから「積み上げ縦棒グラフ」を選択する。
Step 2 横軸に設定したい項目を「データ」タブから“X 軸”にドラッグアンドドロップする。
Step 3 縦軸に設定したい項目を「データ」タブから“Y 軸”にドラッグアンドドロップする。
Step 4 Y 軸の集計方法を設定する。
Step 5 グラフタイトルを設定する。
Step 6 軸項目／集計項目の名称を設定する。
Step 7 グラフ内データのソート

では Step ごとに具体的に説明します。

(1) Step1：「視覚化」タブから「積み上げ縦棒グラフ」を選択する（図 4.1）

① 「視覚化」タブの「積み上げ縦棒グラフ」をクリックする。
② 「グラフ表示欄（ビジュアル）」が追加される。
③ グラフ端（┘）をドラッグしてサイズを調整する。

(2) Step2：横軸に設定したい項目を「データ」タブから“X 軸”にドラッグアンドドロップする（図 4.2）

① テーブル「ロット」をクリックして、項目一覧を表示する。
② 項目「ロット No」をドラッグアンドドロップして、“X 軸”に設定する。

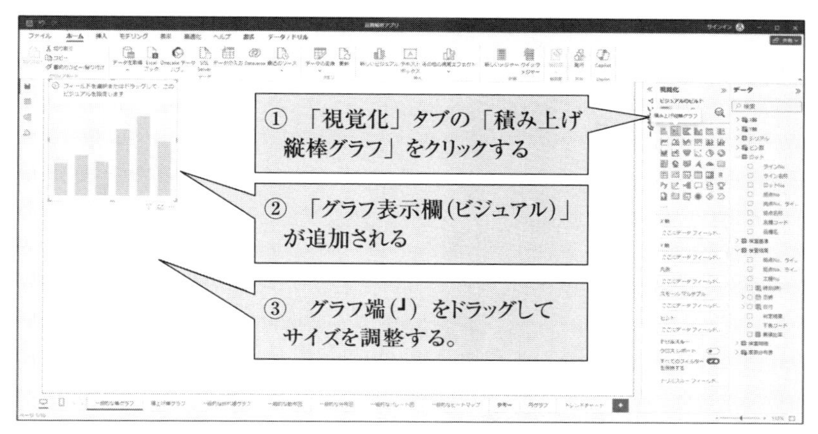

図 4.1　Step1：「視覚化」タブから「積み上げ縦棒グラフ」を選択

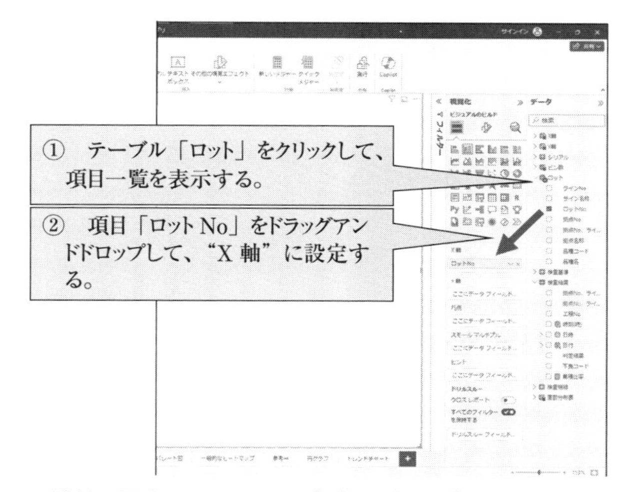

図 4.2　Step2：横軸に設定したい項目を「データ」タブから“X 軸”にドラッグアンドドロップ

(3)　Step3：縦軸に設定したい項目を「データ」タブから“Y 軸”にドラッグアンドドロップする(図 4.3)

①　テーブル「検査結果」をクリックして、項目一覧を表示する。

②　項目「不良コード」をドラッグアンドドロップして、“Y 軸”に設定する。

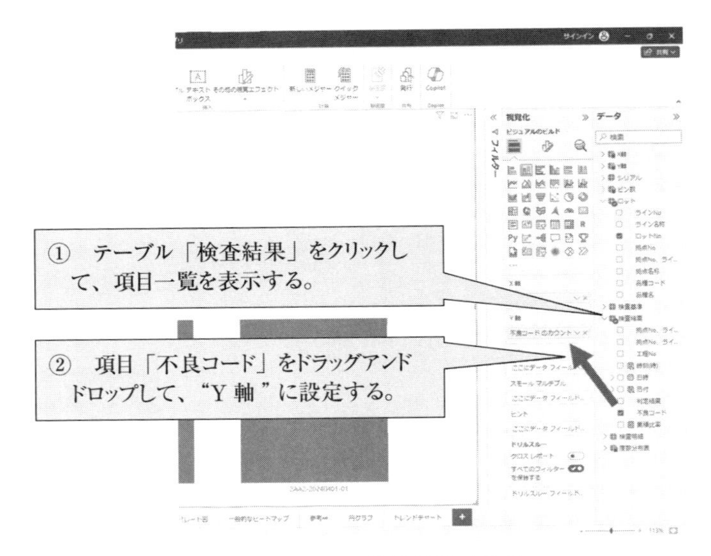

図 4.3　Step3：集計項目の設定

(4)　Step4：Y 軸の集計方法を設定する（図 4.4）

① Y 軸項目を左クリックする。

② 「カウント」をクリックする。

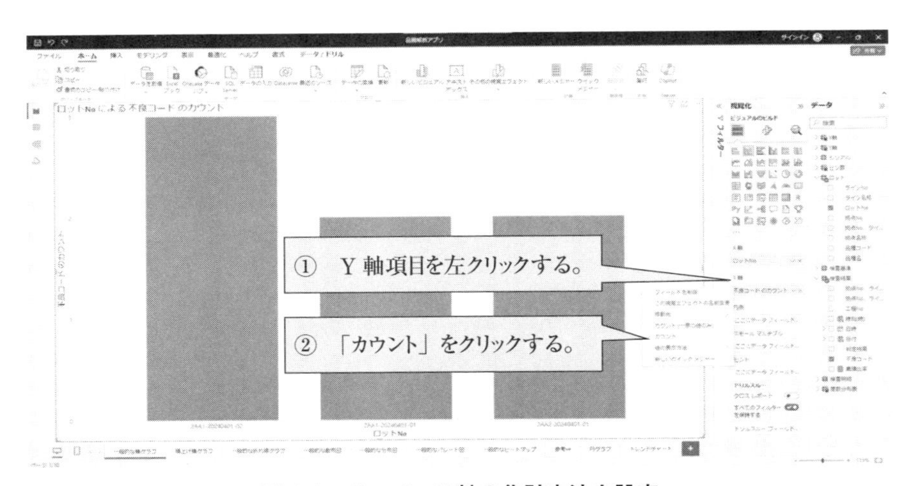

図 4.4　Step4：Y 軸の集計方法を設定

(5) Step5：グラフタイトルを設定する(図 4.5)

① 「視覚化」タブの「ビジュアルの書式設定」を選択する。

② 「タイトル」欄の「タイトル - テキスト」にグラフタイトルを入力する。

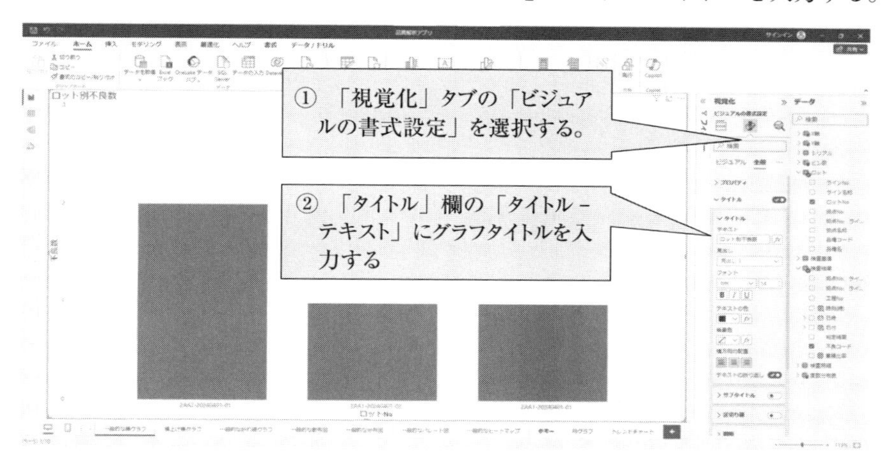

図 4.5 Step5：グラフタイトルを設定する

(6) Step6：軸項目／集計項目の名称を設定する(図 4.6)

① 「視覚化」タブの「ビジュアルのビルド」を選択する。

② “Y 軸”の項目を右クリックして、「この視覚エフェクトの名前変更」を

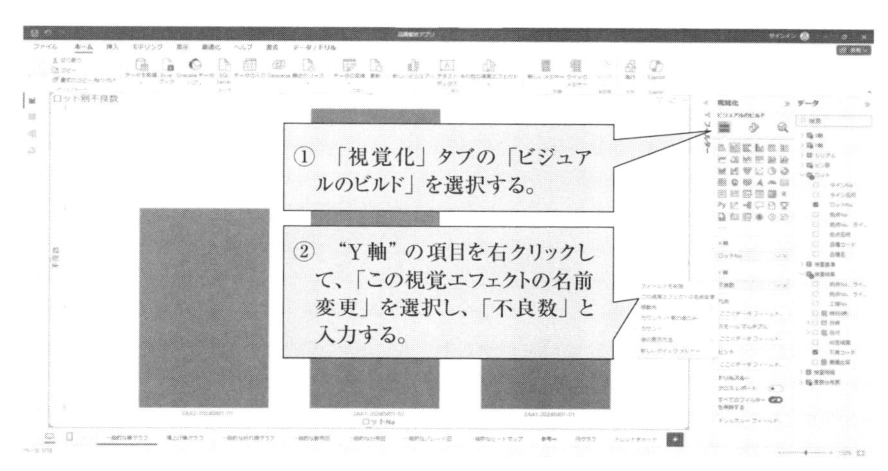

図 4.6 軸項目／集計項目の名称を設定する

選択し、「不良数」と入力する。

(7)　Step7：グラフ内データのソート（図 4.7、図 4.8）

① グラフの右上（もしくは右下）の「…」をクリックする。
② 「軸の並び替え」の「ロット No」をクリックする。

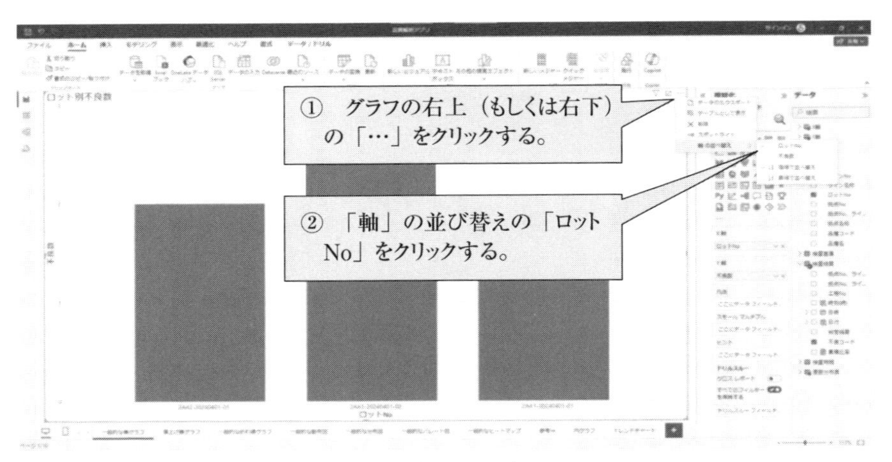

図 4.7　Step7：グラフ内データのソート

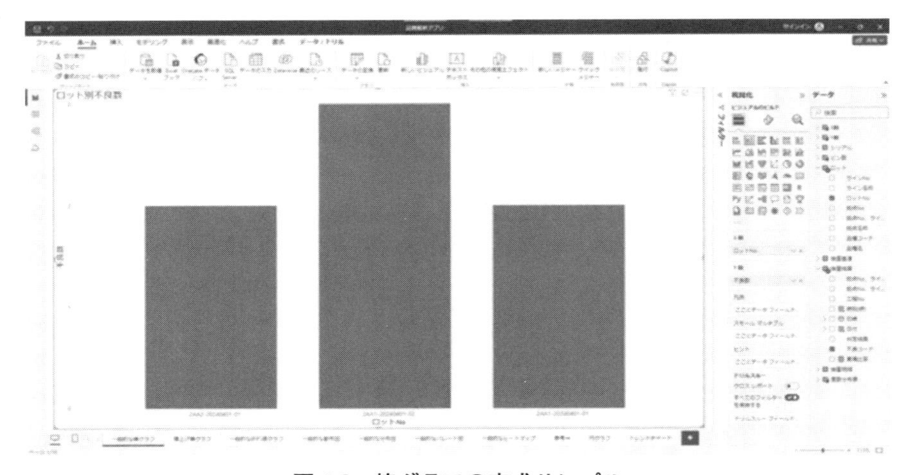

図 4.8　棒グラフの完成サンプル

4.2.2　積み上げ棒グラフ

積み上げ棒グラフは一般的な棒グラフのStep1～Step7までを行った後、次の手順で作成します。

(1)　Step8：積み上げ(色分け)したい項目を「凡例」にドラッグアンドドロップ(図4.9、図4.10)

① テーブル「検査結果」をクリックして、項目一覧を表示する。

② 項目「不良コード」をドラッグアンドドロップして、“凡例”に設定する。

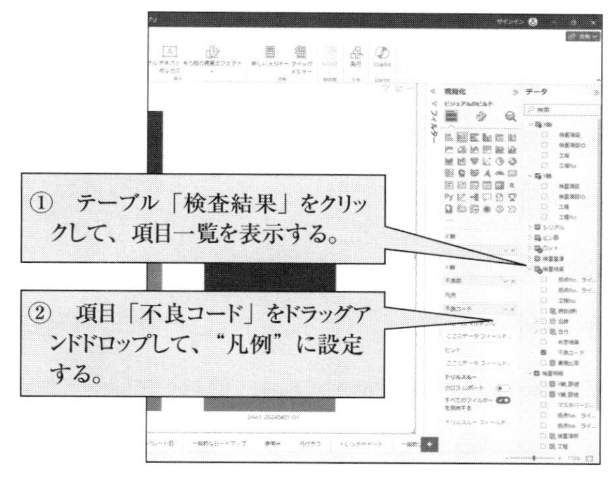

図4.9　Step8：積み上げ(色分け)したい項目を「凡例」にドラッグアンドドロップ(その1)

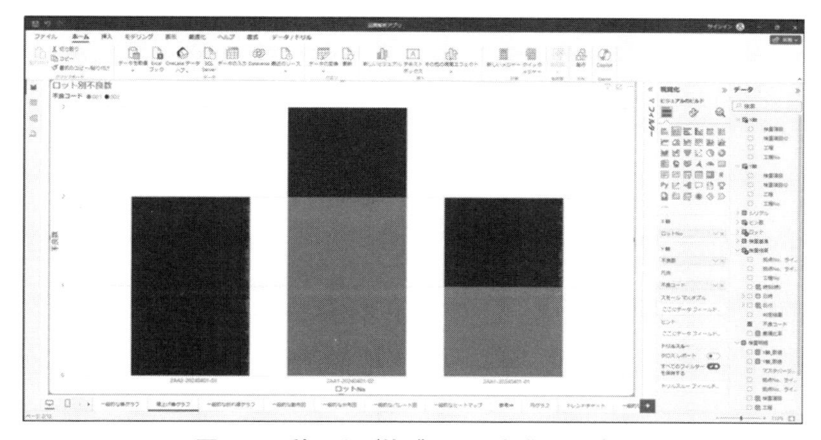

図4.10　積み上げ棒グラフの完成サンプル

4.3 円グラフ

4.3.1 一般的な円グラフ

円グラフの作成は次のStepで実施します。

Step1 「視覚化」タブから「円グラフ」を選択する。

Step2 凡例に設定したい項目を「データ」タブから“凡例”にドラッグアンドドロップする。

Step3 値に設定したい項目を「データ」タブから“値”にドラッグアンドドロップする。

Step4 ラベルの表示方法を設定する。

ではStepごとに具体的に説明します。

(1) Step1：「視覚化」タブから「円グラフ」を選択する(図4.11)

① 「視覚化」タブの「円グラフ」をクリックする。

② 「グラフ表示欄(ビジュアル)」が追加される。

③ グラフ端(┘)をドラッグしてサイズを調整する。

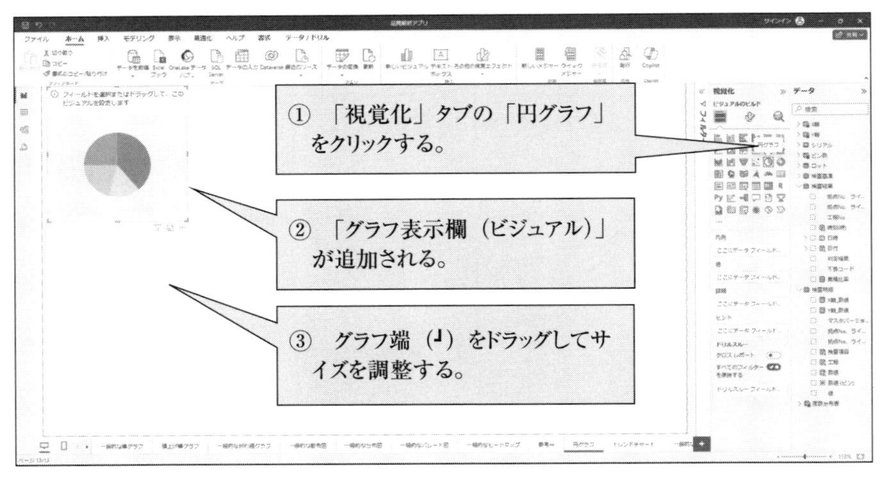

図4.11 Step1：「視覚化」タブから「円グラフ」を選択する

(2)　Step2：凡例に設定したい項目を「データ」タブから“凡例”にドラッグアンドドロップする（図 4.12）

① テーブル「検査結果」をクリックして、項目一覧を表示する。

② 項目「不良コード」をドラッグアンドドロップして、“凡例”に設定する。

図 4.12　Step2：凡例に設定したい項目を「データ」タブから“凡例”にドラッグアンドドロップ

(3)　Step3：値に設定したい項目を「データ」タブから“値”にドラッグアンドドロップする（図 4.13）

① テーブル「検査結果」をクリックして、項目一覧を表示する。

② 項目「不良コード」をドラッグアンドドロップして、“値”に設定する。

(4)　Step4：ラベルの表示方法を設定する（図 4.14、図 4.15）

① 「視覚化」タブの「ビジュアルの書式設定」を選択する。

② 「詳細ラベル」欄の「オプション－ラベルの内容」をクリックする。

③ 「カテゴリ－全体に対する割合」をクリックする。

図 4.13　Step3：値に設定したい項目を「データ」タブから“値”にドラッグアンドドロップする

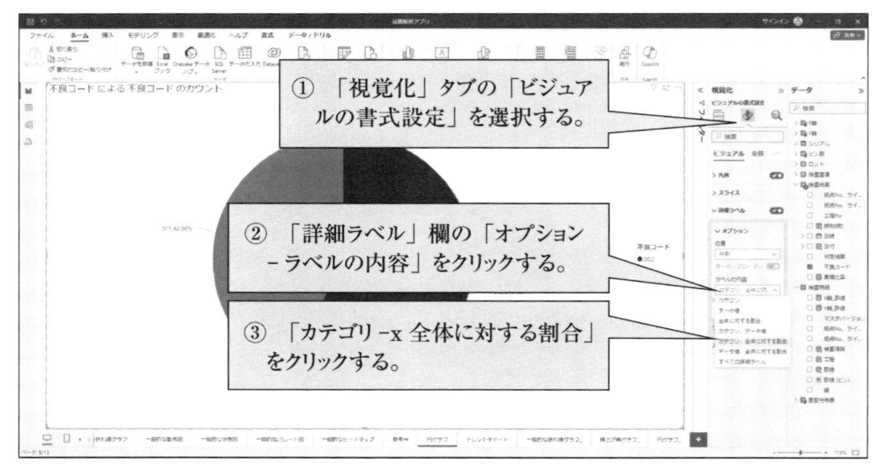

図 4.14　Step4：ラベルの表示方法を設定する

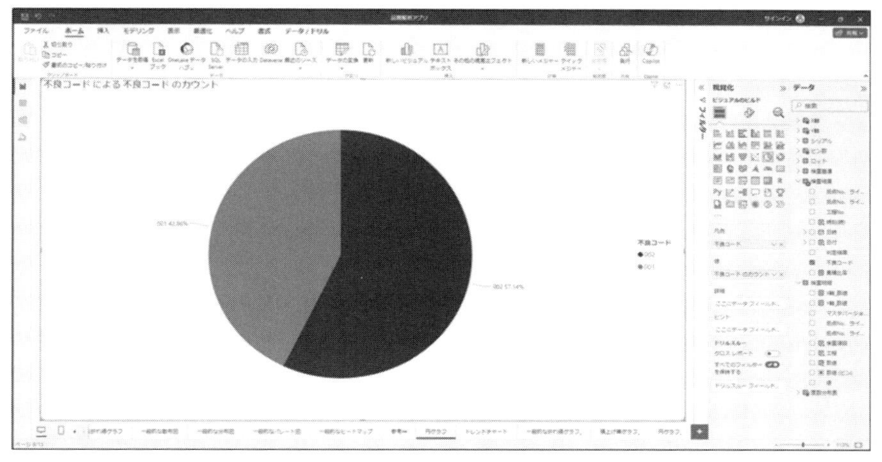

図 4.15　円グラフの完成サンプル

4.4　折れ線グラフ

4.4.1　一般的な折れ線グラフ

グラフ作成は次の Step で実施します。

Step1　「視覚化」タブから「折れ線グラフ」を選択する。

Step2　横軸に設定したい項目を「データ」タブから“X 軸”にドラッグアンドドロップする。

Step3　縦軸に設定したい項目を「データ」タブから“Y 軸”にドラッグアンドドロップする。

Step4　Y 軸の集計方法を設定する。

Step5　グラフタイトルを設定する。

Step6　軸項目／集計項目の名称を設定する。

Step7　マーカーを表示する。

Step8　スライサーを設定する。

では Step ごとに具体的に説明します。

(1)　Step1：「視覚化」タブから「折れ線グラフ」を選択する（図 4.16）

①「視覚化」タブの「折れ線グラフ」をクリックする。

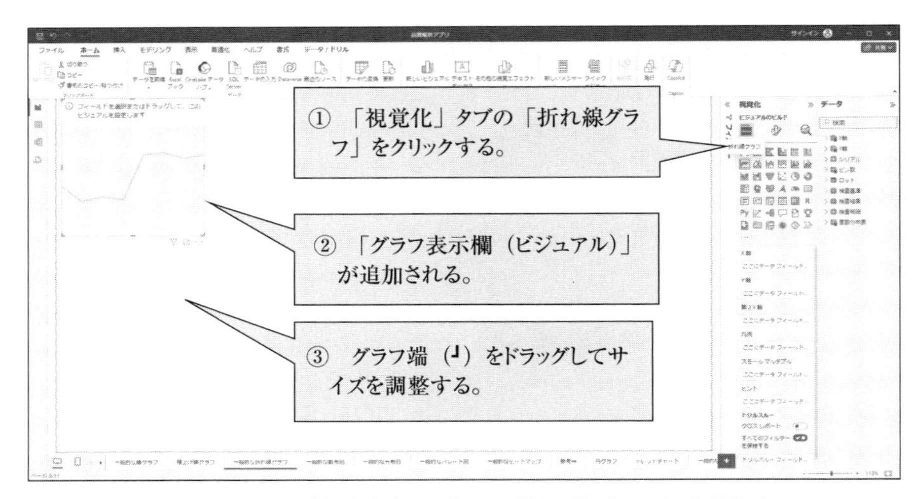

図 4.16　Step1：「視覚化」タブから「折れ線グラフ」を選択する

② 「グラフ表示欄(ビジュアル)」が追加される。
③ グラフ端(┘)をドラッグしてサイズを調整する。

(2) Step2：横軸に設定したい項目を「データ」タブから“X 軸”にドラッグアンドドロップする(図 4.17、図 4.18)

① テーブル「検査結果」をクリックして、項目一覧を表示する。
② 項目「日時」をドラッグアンドドロップして、“X 軸”に設定する。
③ X 軸を左クリックする。
④ 「日時」をクリックする。

(3) Step3：縦軸に設定したい項目を「データ」タブから“Y 軸”にドラッグアンドドロップする(図 4.19)

① テーブル「検査明細」をクリックして、項目一覧を表示する。
② 項目「数値」をドラッグアンドドロップして、“Y 軸”に設定する。

(4) Step4：Y 軸の集計方法を設定する(図 4.20)

① Y 軸項目を左クリックする。
② 「平均」をクリックする。

図 4.17 Step2：テーブル「検査結果」をクリックして、項目一覧を表示

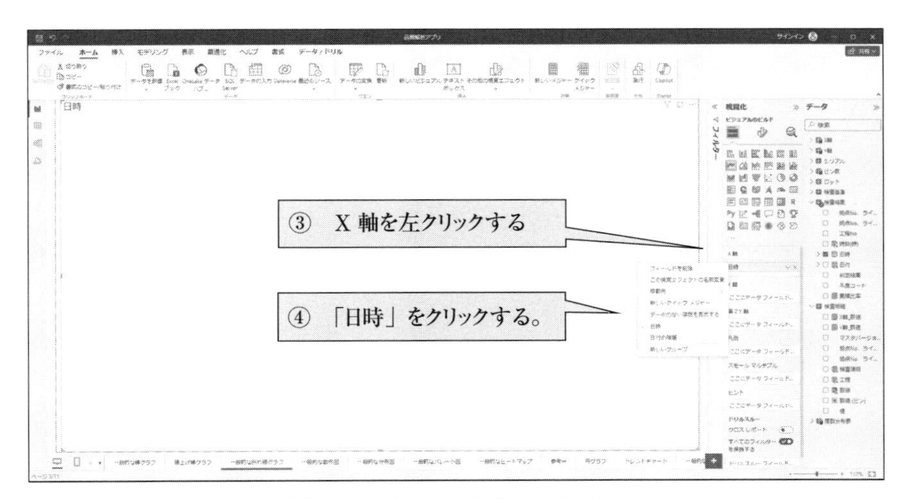

図 4.18 「日時」をクリックする

図 4.19　Step3：集計項目の設定

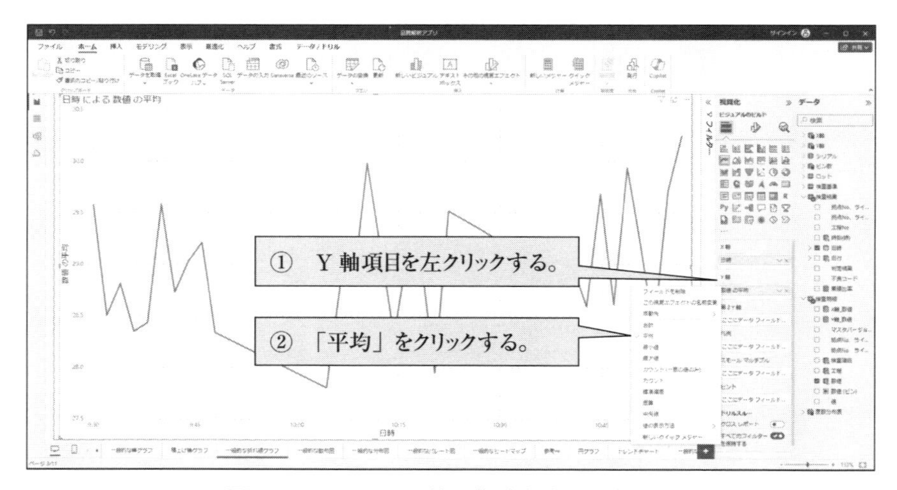

図 4.20　Step4：Y 軸の集計方法を設定する

(5)　Step5：グラフタイトルを設定する（図 4.21、図 4.22）

①　「視覚化」タブの「ビジュアルの書式設定」を選択する。

②　「タイトル」欄の「タイトル・テキスト」の「fx」をクリックする。

③　「基準にするフィールド」でテーブル「検査明細」の項目「検査項目」を選択する。

④　「OK」をクリックする。

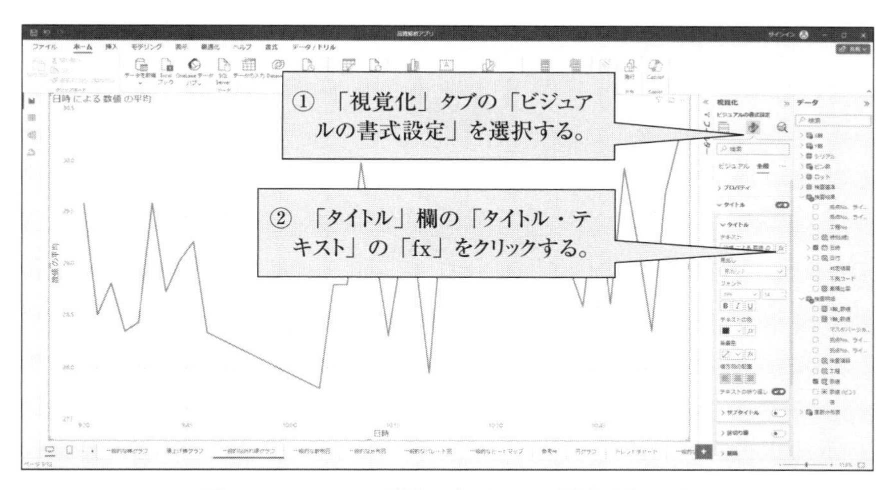

図 4.21　Step5：グラフタイトルの設定（その 1）

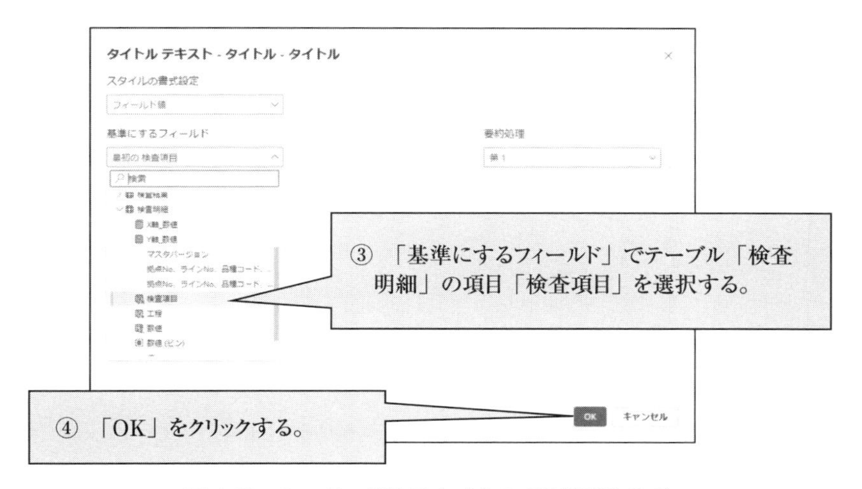

図 4.22　Step5：グラフタイトルの設定（その 2）

(6)　Step6：軸項目／集計項目の名称を設定する（図 4.23）

①　「視覚化」タブの「ビジュアルのビルド」を選択する。

②　“Y 軸”の項目を右クリックして、「この視覚エフェクトの名前変更」を選択し、「測定値」と入力する。

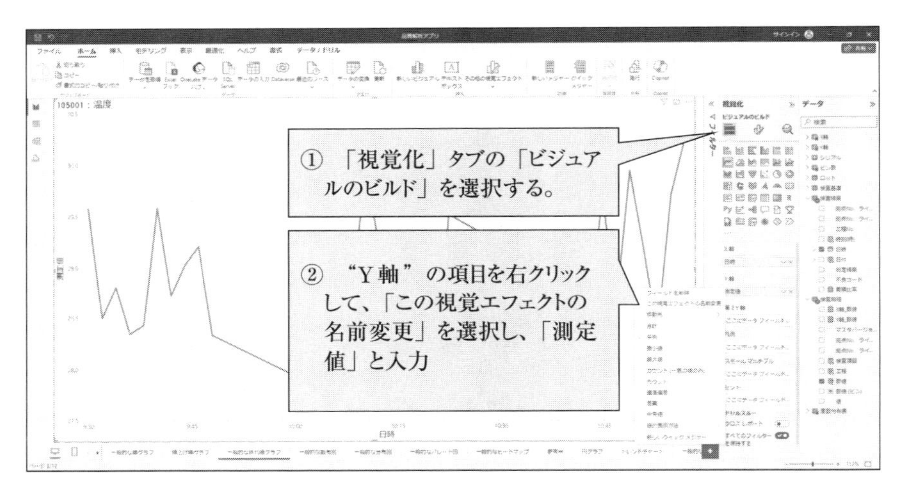

図 4.23　Step6：軸項目／集計項目の名称を設定

(7)　Step7：マーカーを表示する（図 4.24）

①　「視覚化」タブの「ビジュアルの書式設定」を選択する。

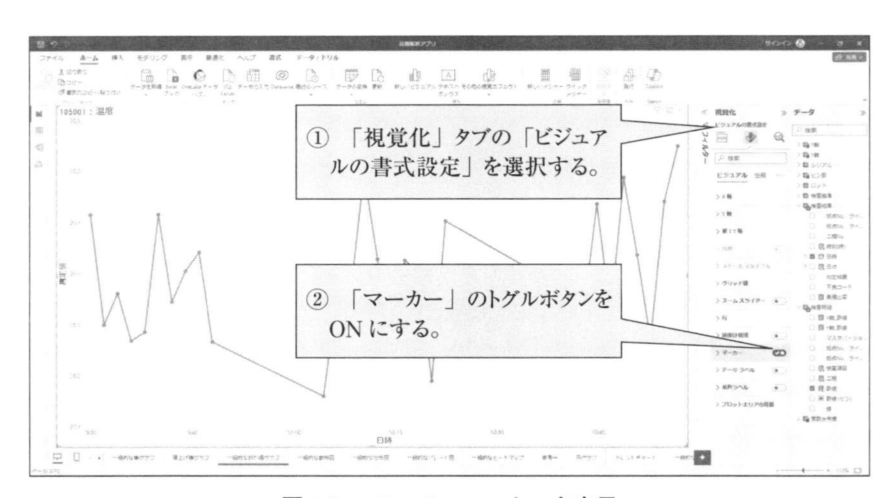

図 4.24　Step7：マーカーを表示

②　「マーカー」のトグルボタンを ON にする。

(8)　Step8：スライサーを設定する(図 4.25 〜図 4.29)

①　「視覚化」タブの「スライサー」をクリックする。

②　項目「工程」をドラッグアンドドロップして、“フィールド”に設定する。

③　項目「検査項目」をドラッグアンドドロップして、“フィールド”に設

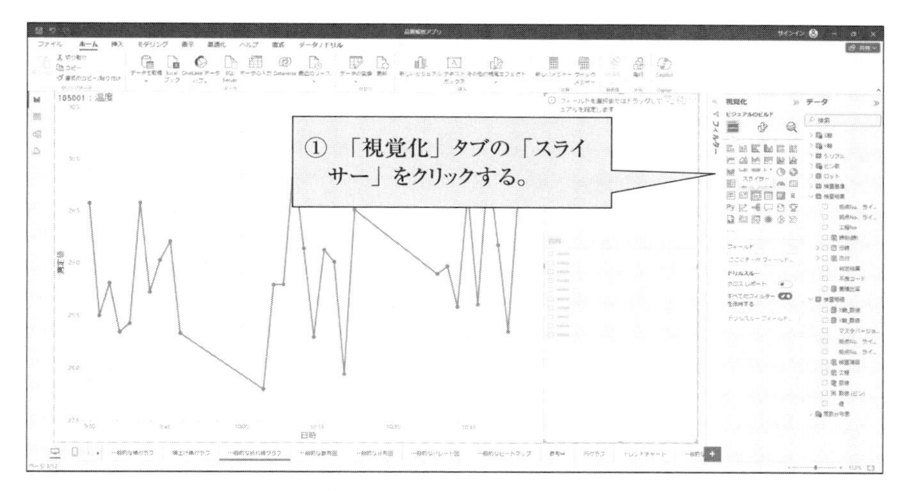

図 4.25　Step8：スライサーの設定(その 1)

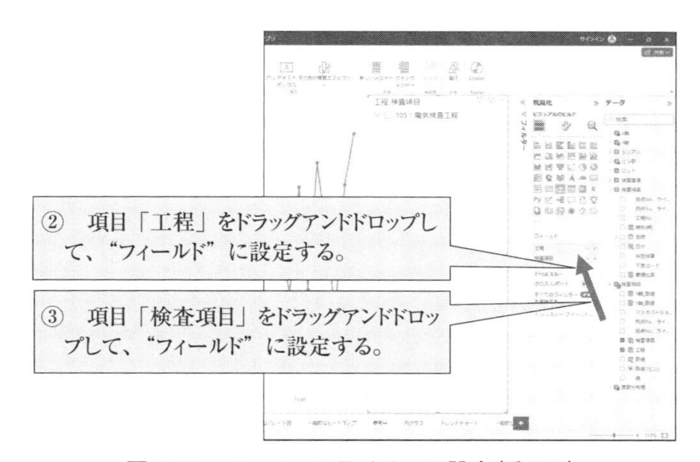

図 4.26　Step8：スライサーの設定(その 2)

定する。

④「視覚化」タブの「ビジュアルの書式設定」を選択する。

⑤「スライサーの設定」欄の「選択項目 - 単一選択」のトグルボタンを ON にする。

⑥「105002：電流（位置 A）1V」を選択する。

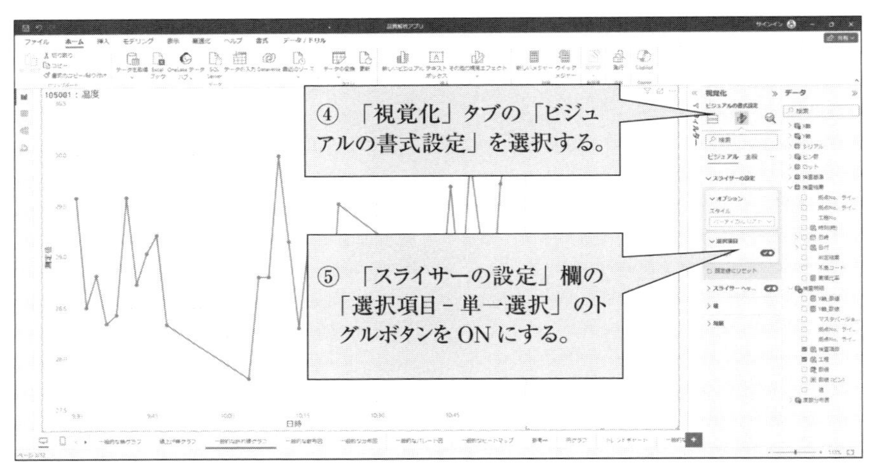

図 4.27　Step8：スライサーの設定（その 3）

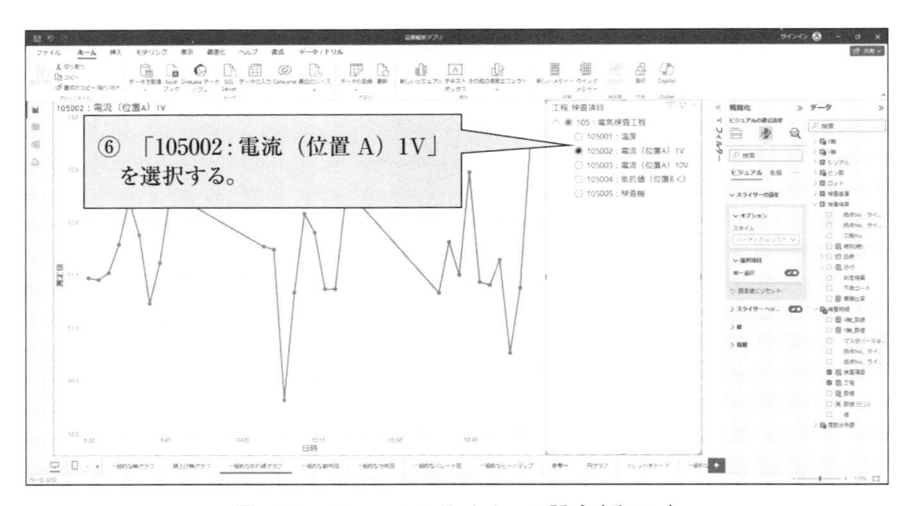

図 4.28　Step8：スライサーの設定（その 4）

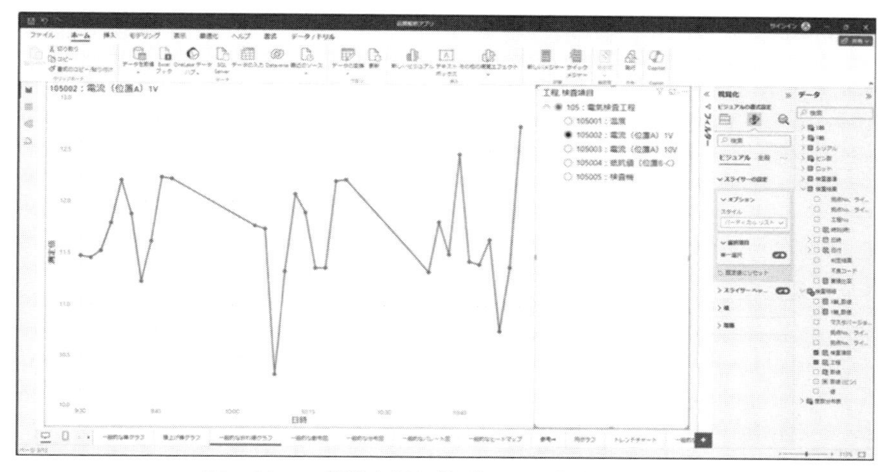

図 4.29　一般的な折れ線グラフの完成サンプル

4.5　散布図

4.5.1　一般的な散布図

グラフ作成は次の Step で実施します。

Step1　「視覚化」タブから「散布図」を選択する。

Step2　横軸に設定したい項目を「データ」タブから“X 軸”にドラッグアンドドロップする。

Step3　縦軸に設定したい項目を「データ」タブから“Y 軸”にドラッグアンドドロップする。

Step4　Y 軸の集計方法を設定する。(④集計方法)

Step5　スライサーを設定する。

では Step ごとに具体的に説明します。

(1)　Step1：「視覚化」タブから「散布図」を選択する (図 4.30)

①　「視覚化」タブの「散布図」をクリックする。

②　「グラフ表示欄(ビジュアル)」が追加される。

③　グラフ端(┛)をドラッグしてサイズを調整する。

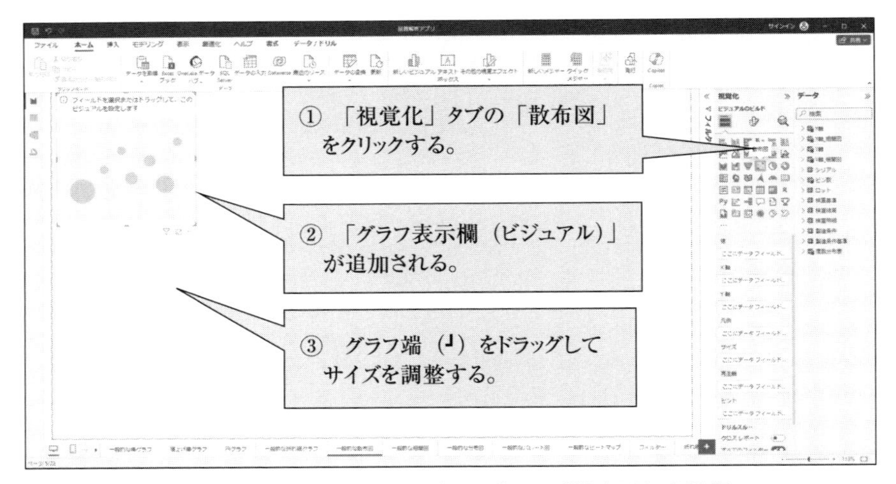

図 4.30　Step1：「視覚化」タブから「散布図」を選択

(2)　Step2：横軸に設定したい項目を「データ」タブから“X 軸”にドラッグアンドドロップする（図 4.31）

①　テーブル「シリアル」をクリックして、項目一覧を表示する。

②　項目「シリアル No」をドラッグアンドドロップして、“X 軸”に設定する。

(3)　Step3：縦軸に設定したい項目を「データ」タブから“Y 軸”にドラッグアンドドロップする（図 4.32）

①　テーブル「検査明細」をクリックして、項目一覧を表示する。

②　項目「数値」をドラッグアンドドロップして、“Y 軸”に設定する。

(4)　Step4：Y 軸の集計方法を設定する（④集計方法）（図 4.33）

①　Y 軸項目を左クリックする。

②　「平均」をクリックする。

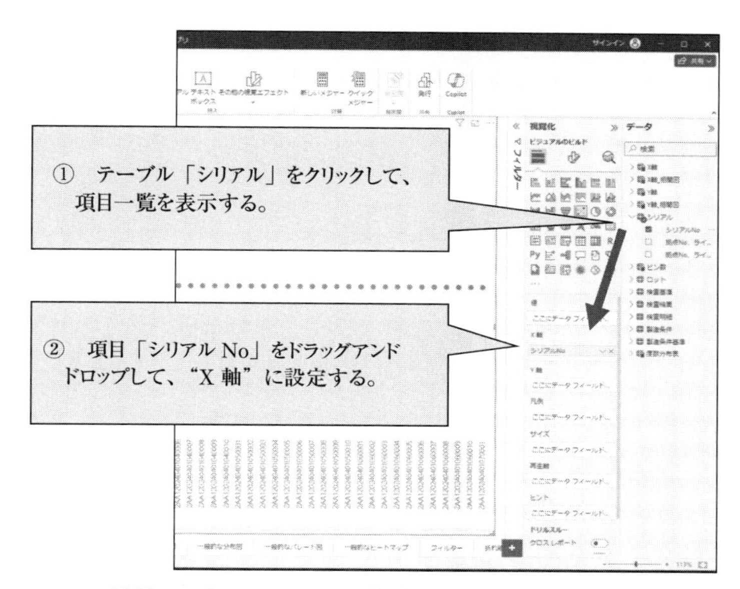

図 4.31　Step2：横軸に設定したい項目を「データ」タブから “X 軸 ” にドラッグアンドドロップ

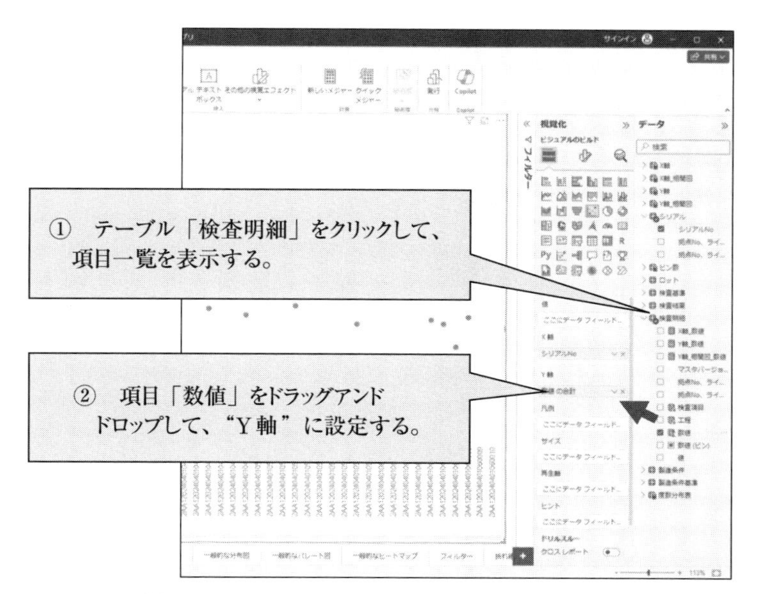

図 4.32　Step3：縦軸に設定したい項目を「データ」タブから “Y 軸 ” にドラッグアンドドロップ

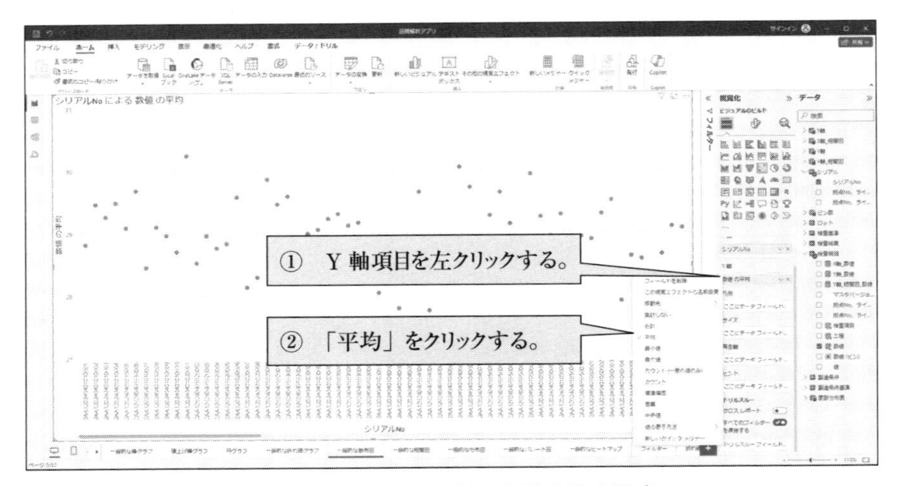

図 4.33　Step4：Y 軸の集計方法を設定

(5)　Step5：スライサーを設定する（図 4.34 ～図 4.38）

① 「視覚化」タブの「スライサー」をクリックする。

② 項目「工程」をドラッグアンドドロップして、“フィールド”に設定する。

③ 項目「検査項目」をドラッグアンドドロップして、“フィールド”に設定する。

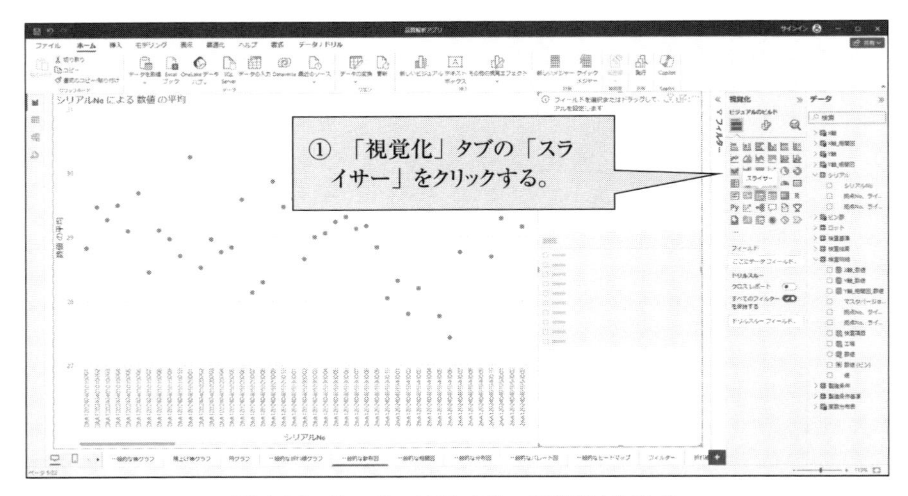

図 4.34　Step5：スライサーの設定（その 1）

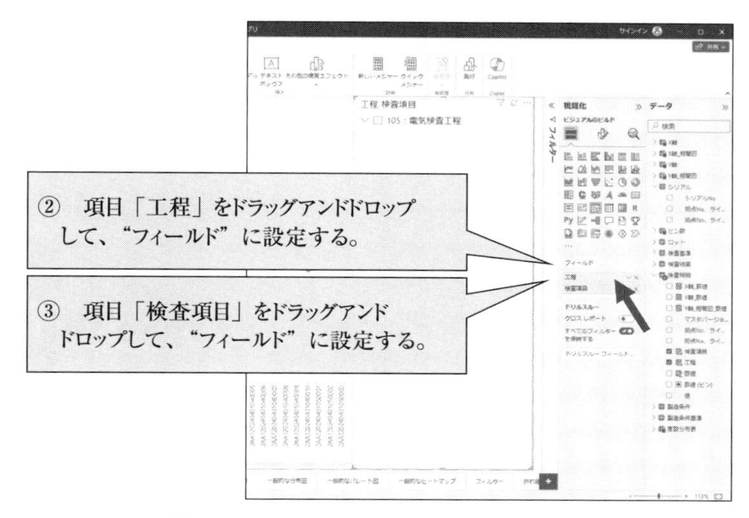

図 4.35　Step5：スライサーの設定(その 2)

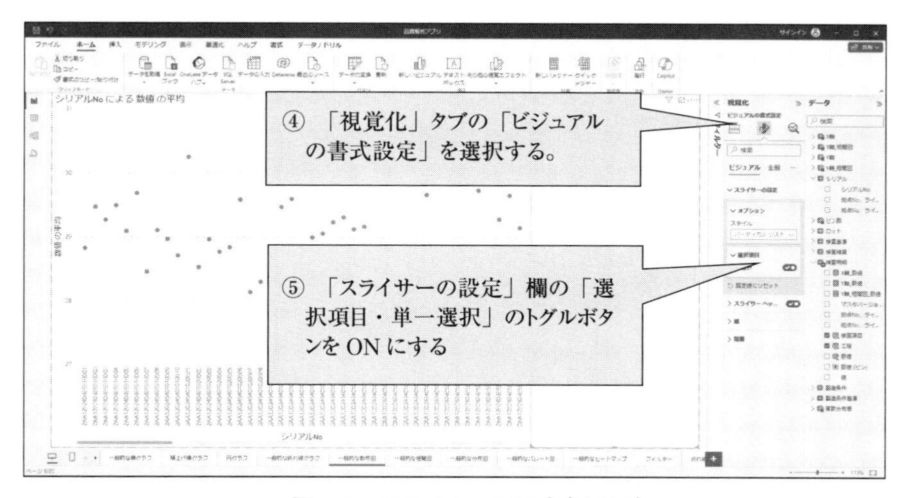

図 4.36　スライサーの設定(その 3)

④　「視覚化」タブの「ビジュアルの書式設定」を選択する。

⑤　「スライサーの設定」欄の「選択項目－単一選択」のトグルボタンを ON にする。

⑥　「105002：電流(位置 A) 1V」を選択する。

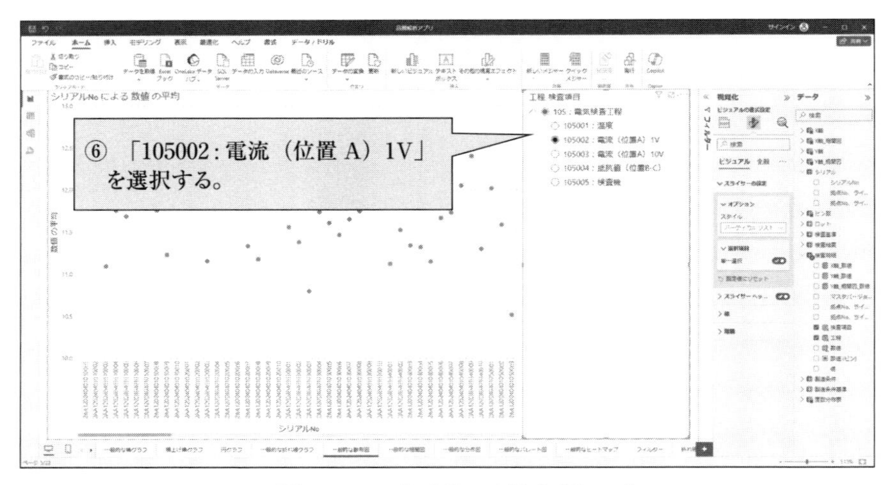

図 4.37　スライサーの設定（その 4）

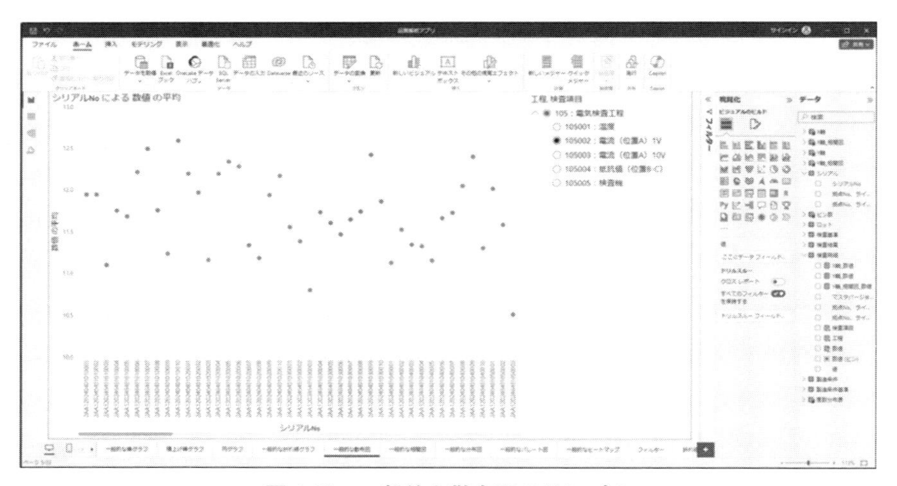

図 4.38　一般的な散布図のサンプル

4.6　相関図

4.6.1　一般的な相関図

グラフ作成は次のStepで実施します。

Step1　「視覚化」タブから「散布図」を選択する。

Step2　マーカーを表示したい項目を「データ」タブから“値”にドラッグアンドドロップする。

Step3　横軸に設定したい項目を「データ」タブから“X軸”にドラッグアンドドロップする。

Step4　縦軸に設定したい項目を「データ」タブから“Y軸”にドラッグアンドドロップする。

Step5　X軸のスライサーを設定する。

Step6　Y軸のスライサーを設定する。

ではStepごとに具体的に説明します。

(1)　Step1：「視覚化」タブから「散布図」を選択する（図4.39）

①　「視覚化」タブの「散布図」をクリックする。

②　「グラフ表示欄(ビジュアル)」が追加される。

③　グラフ端(┘)をドラッグしてサイズを調整する。

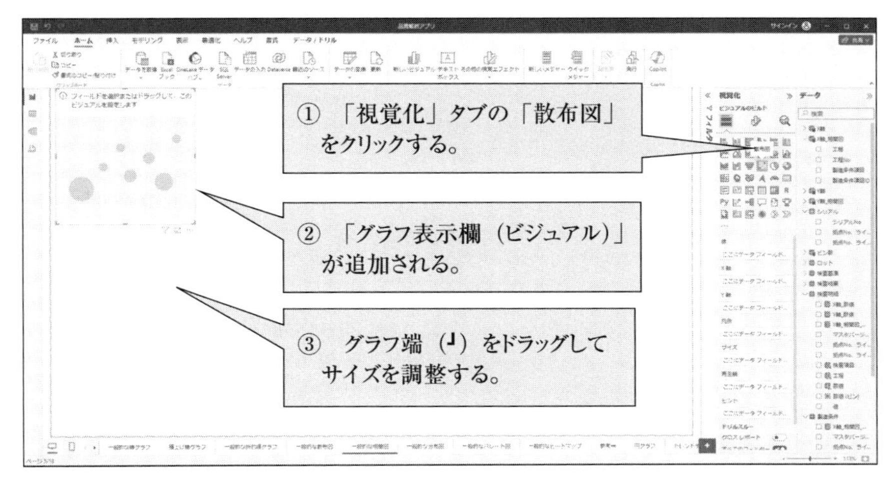

図4.39　Step1：「視覚化」タブから「散布図」を選択

(2)　Step2：マーカーを表示したい項目を「データ」タブから“値”にドラッグアンドドロップする(図4.40)

① テーブル「シリアル」をクリックして、項目一覧を表示する。

② 項目「シリアルNo」をドラッグアンドドロップして、“値”に設定する。

(3)　Step3：横軸に設定したい項目を「データ」タブから“X軸”にドラッグアンドドロップする(図4.41)

① テーブル「製造条件」をクリックして、項目一覧を表示する。

② 項目「X軸_相関図_数値」をドラッグアンドドロップして、“X軸”に設定する。

(4)　Step4：縦軸に設定したい項目を「データ」タブから“Y軸”にドラッグアンドドロップする(図4.42)

① テーブル「検査明細」をクリックして、項目一覧を表示する。

② 項目「Y軸_相関図_数値」をドラッグアンドドロップして、“Y軸”に設定する。

図4.40　Step2：マーカーを表示したい項目を「データ」タブから“値”にドラッグアンドドロップ

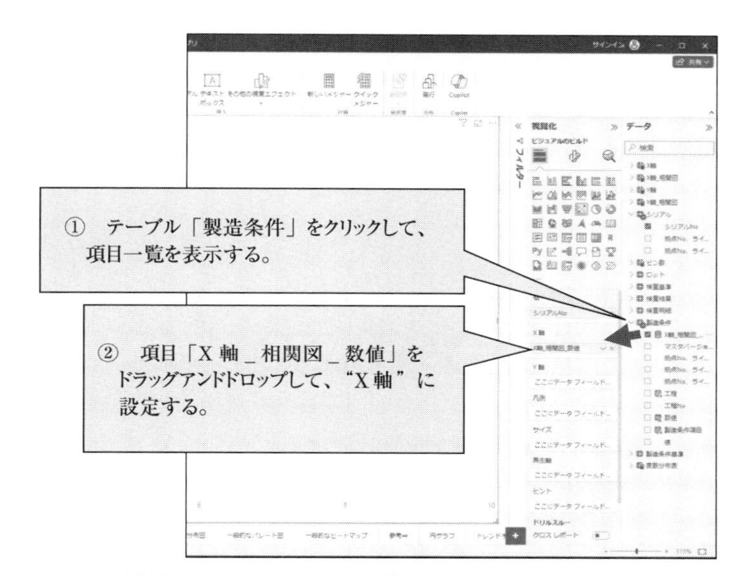

図 4.41　Step3：横軸に設定したい項目を「データ」タブから "X 軸 " にドラッグアンドドロップ

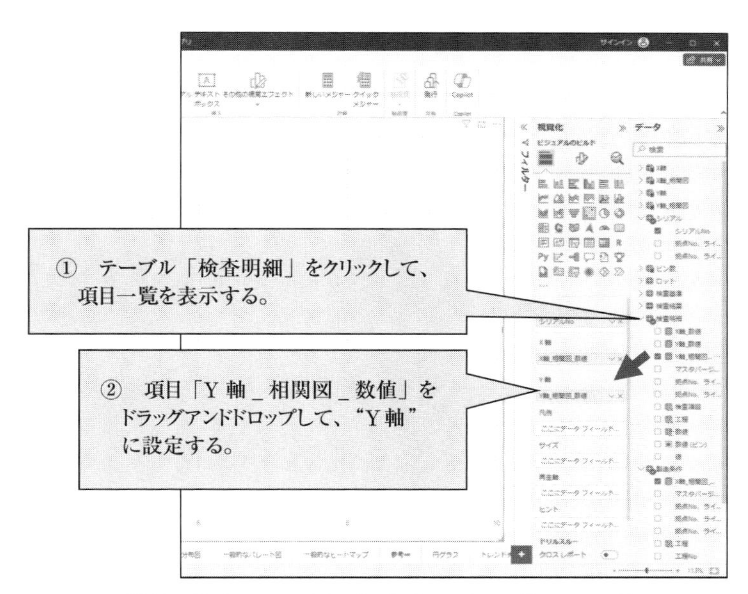

図 4.42　Step4：縦軸に設定したい項目を「データ」タブから "Y 軸 " にドラッグアンドドロップ

(5)　Step5：X 軸のスライサーを設定する(図 4.43 ～図 4.47)

①　「視覚化」タブの「スライサー」をクリックする。

②　テーブル「X 軸 _ 相関図」をクリックして、項目一覧を表示する。

③　項目「工程」をドラッグアンドドロップして、“フィールド”に設定する。

④　項目「製造条件項目」をドラッグアンドドロップして、“フィールド”に設定する。

⑤　「視覚化」タブの「ビジュアルの書式設定」を選択する。

⑥　「スライサーの設定」欄の「選択項目 - 単一選択」のトグルボタンを ON にする。

⑦　「タイトル」のトグルボタンを ON にする。

⑧　「タイトル」欄の「タイトル・テキスト」にグラフタイトルを入力する。

⑨　「101001：温度」を選択する。

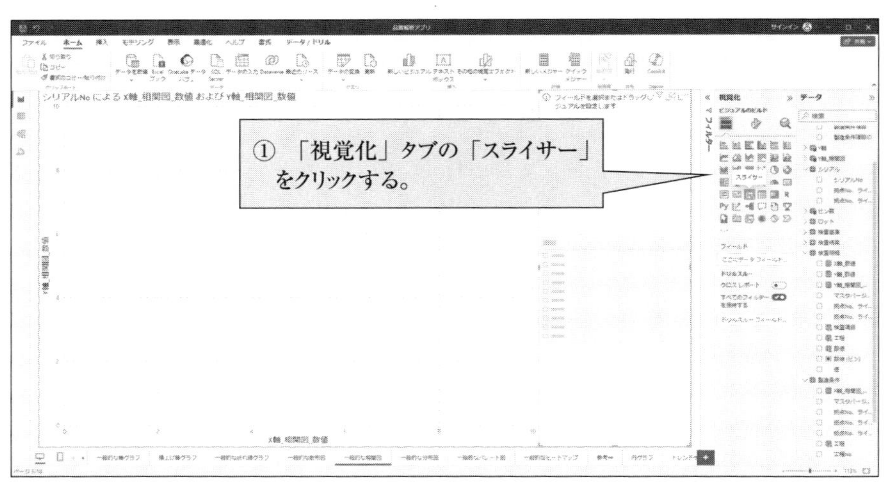

図 4.43　Step5：X 軸のスライサーを設定(その 1)

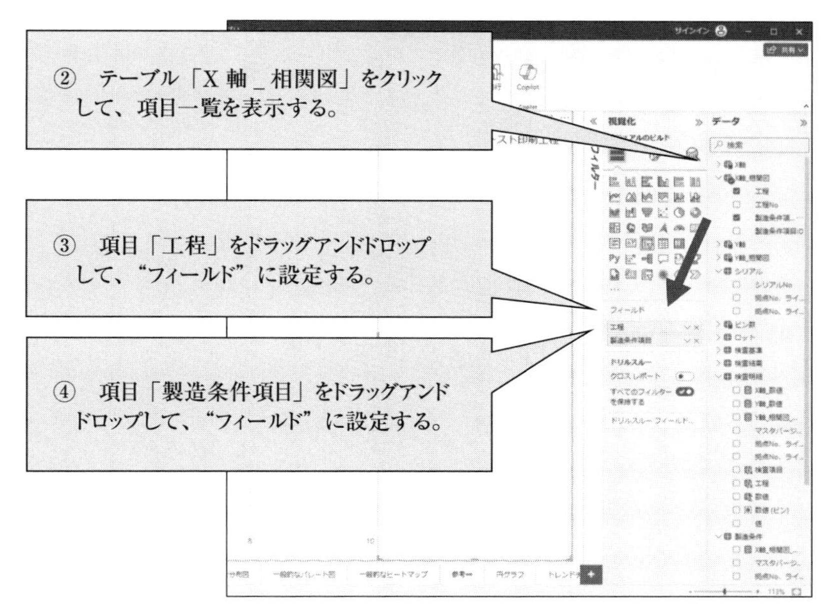

図 4.44　Step5：X 軸のスライサーを設定（その 2）

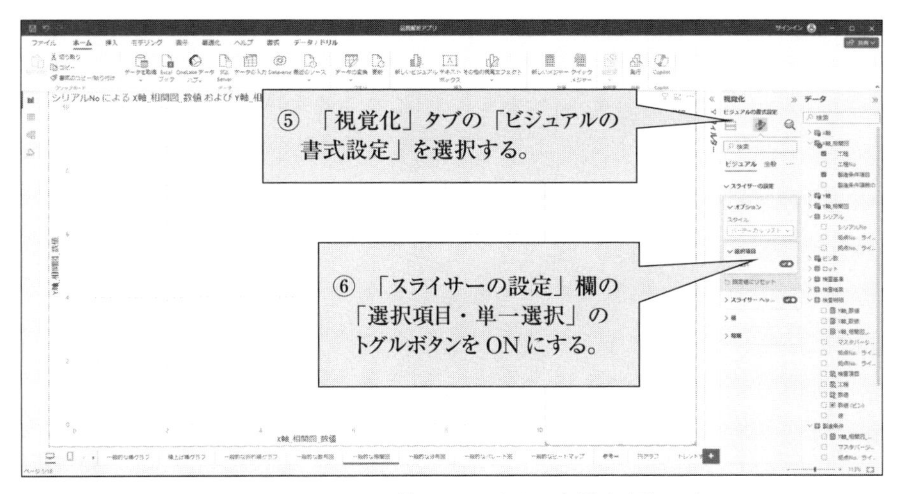

図 4.45　Step5：X 軸のスライサーを設定（その 3）

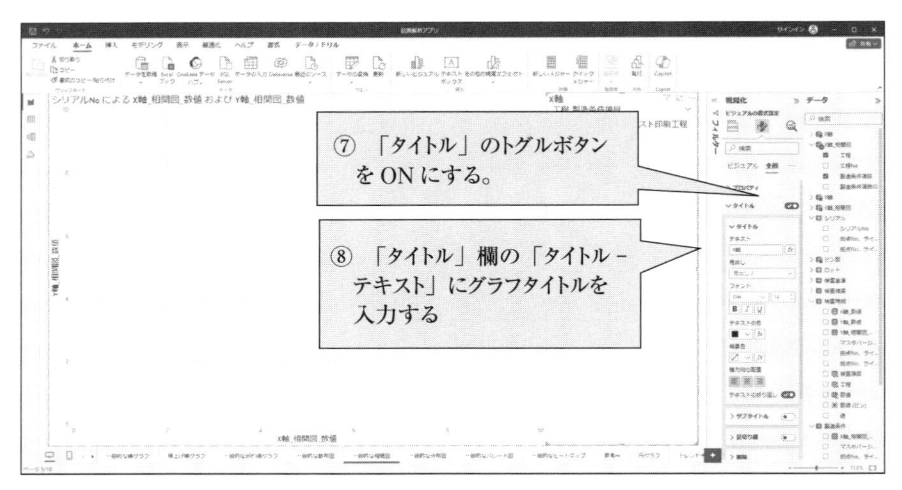

図 4.46　Step5：X 軸のスライサーを設定（その 4）

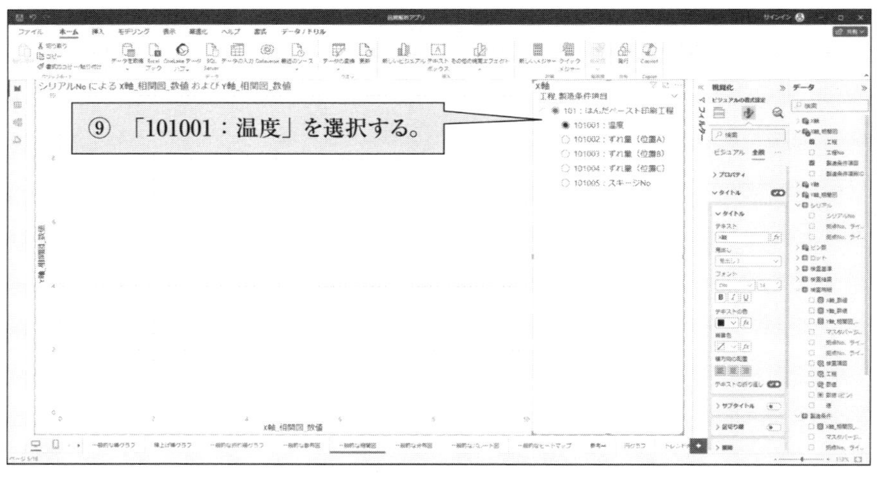

図 4.47　Step5：X 軸のスライサーを設定（その 5）

（6）　Step6：Y 軸のスライサーを設定する（図 4.48 ～図 4.53）

① 「視覚化」タブの「スライサー」をクリックする。

② テーブル「Y 軸 _ 相関図」をクリックして、項目一覧を表示する。

③ 項目「工程」をドラッグアンドドロップして、“フィールド”に設定す

る。

④　項目「検査項目」をドラッグアンドドロップして、“フィールド”に設定する。

⑤　「視覚化」タブの「ビジュアルの書式設定」を選択する。

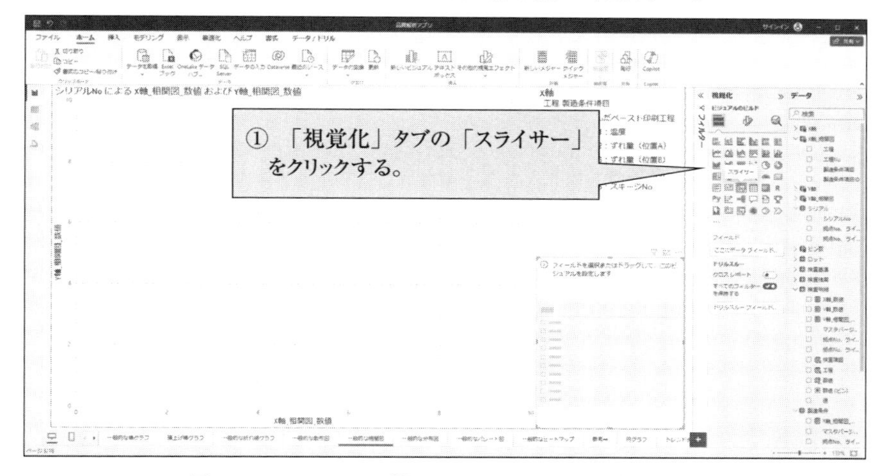

図 4.48　Step6：Y 軸のスライサーを設定（その 1）

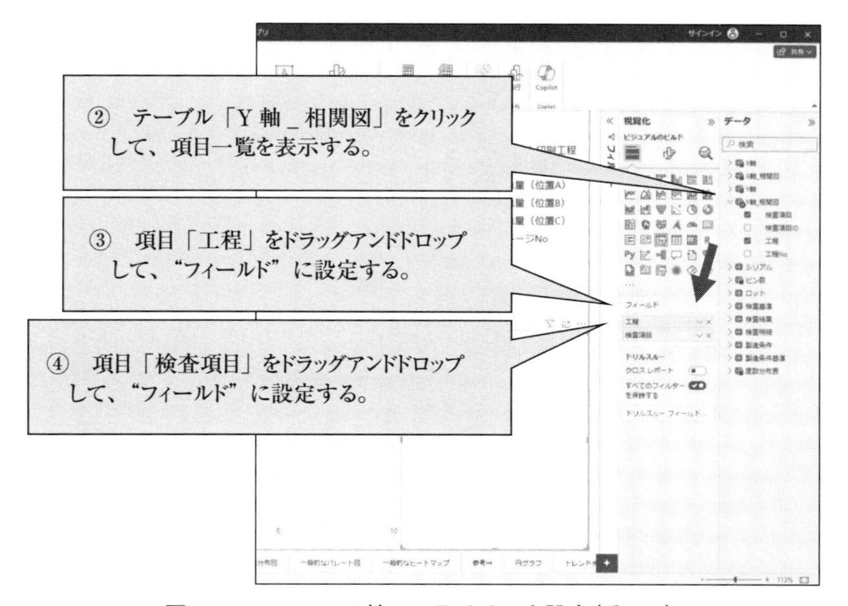

図 4.49　Step6：Y 軸のスライサーを設定（その 2）

⑥ 「スライサーの設定」欄の「選択項目・単一選択」のトグルボタンをONにする。

⑦ 「タイトル」のトグルボタンをONにする。

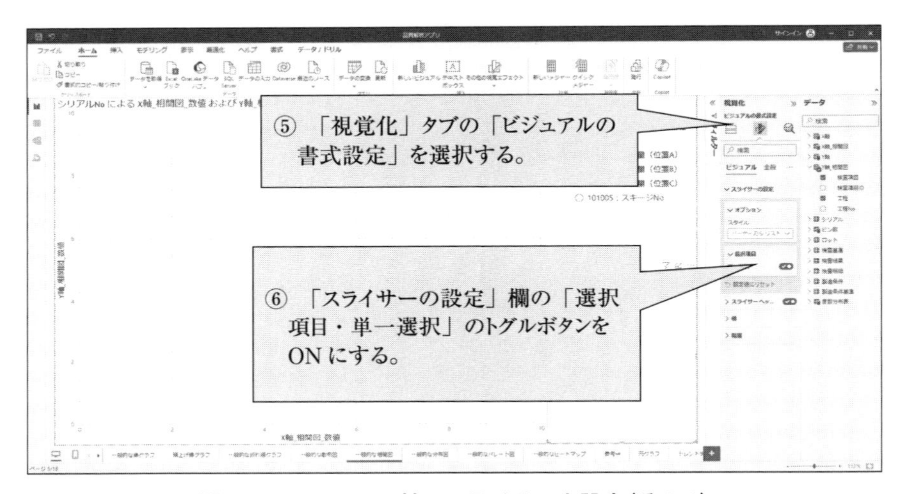

図4.50　Step6：Y軸のスライサーを設定(その3)

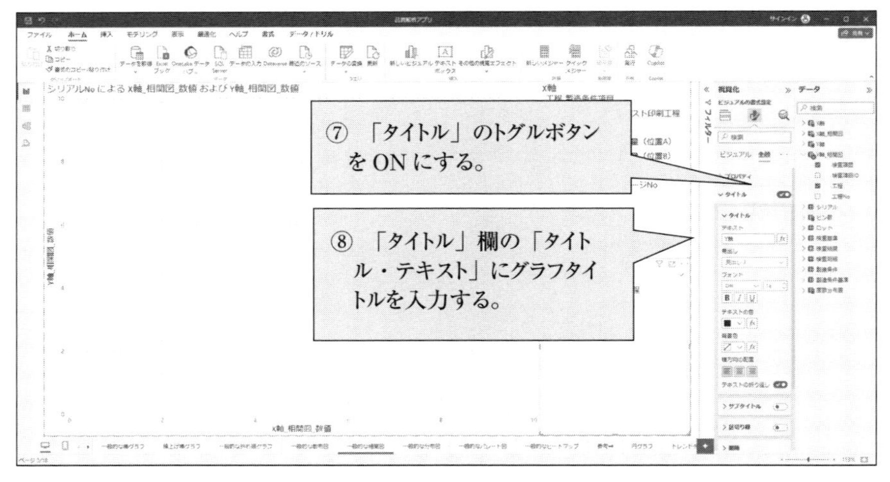

図4.51　Step6：Y軸のスライサーを設定(その4)

⑧ 「タイトル」欄の「タイトル・テキスト」にグラフタイトルを入力する。

⑨ 「105001：温度」を選択する。

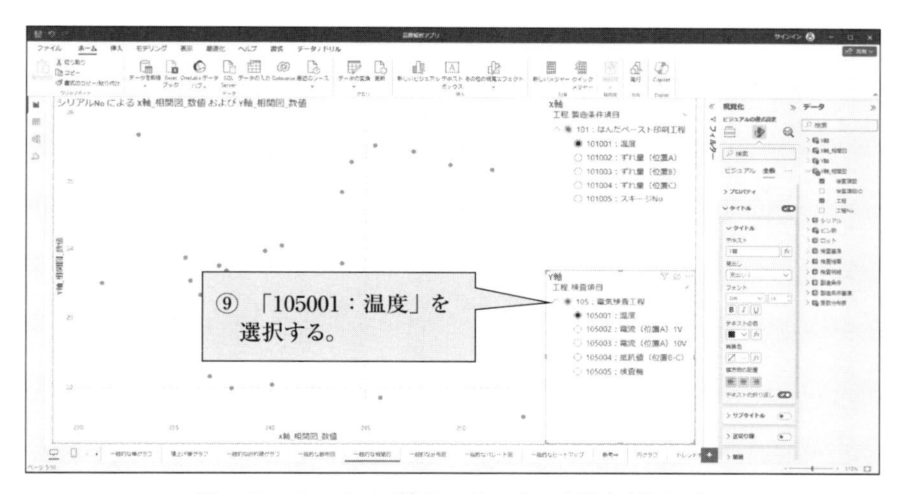

図 4.52　Step6：Y 軸のスライサーを設定(その 5)

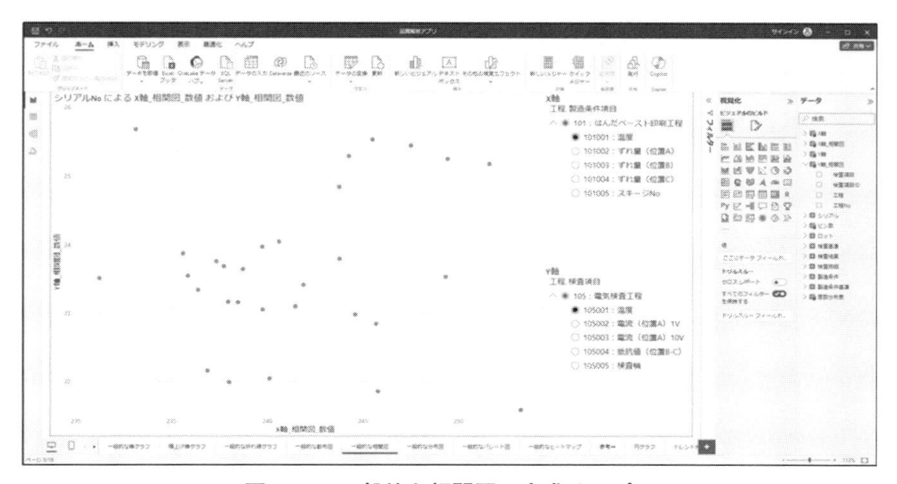

図 4.53　一般的な相関図の完成サンプル

4.7　分布図

4.7.1　一般的な分布図

グラフ作成は次の Step で実施します。

Step1　「視覚化」タブから「集合縦棒グラフ」を選択する。

Step2　横軸に設定したい項目を「データ」タブから"X 軸"にドラッグアンドドロップする。

Step3　X 軸の表示方法を設定する。

Step4　縦軸に設定したい項目を「データ」タブから"Y 軸"にドラッグアンドドロップする。

Step5　データラベルを表示する。

Step6　度数分布表を作成する。

Step7　項目のスライサーを設定する。

Step8　ビンのスライサーを設定する。

では Step ごとに具体的に説明します。

(1)　Step1:「視覚化」タブから「集合縦棒グラフ」を選択する (図 4.54)

① 「視覚化」タブの「集合縦棒グラフ」をクリックする。

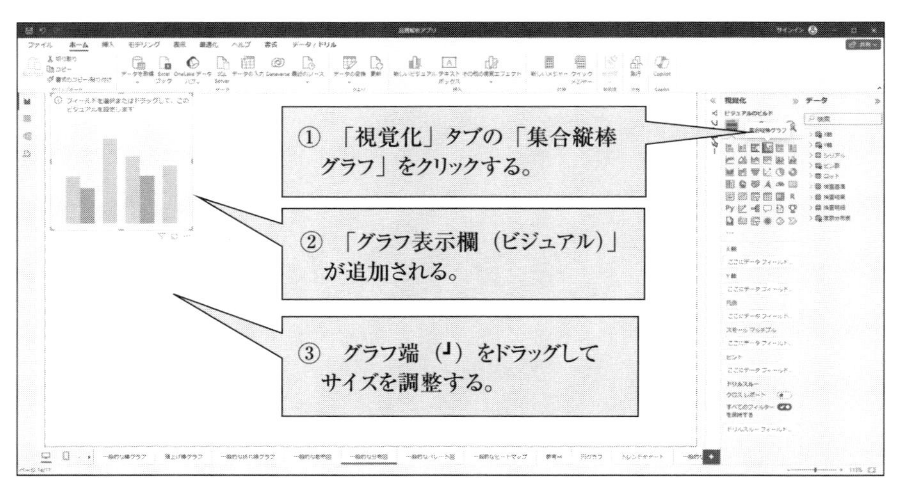

図 4.54　Step1:「視覚化」タブから「集合縦棒グラフ」を選択

② 「グラフ表示欄(ビジュアル)」が追加される。

③ グラフ端(┛)をドラッグしてサイズを調整する。

(2) Step2：横軸に設定したい項目を「データ」タブから“X 軸”にドラッグアンドドロップする(図 4.55)

① テーブル「度数分布表」をクリックして、項目一覧を表示する。

② 項目「ビン」をドラッグアンドドロップして、“X 軸”に設定する。

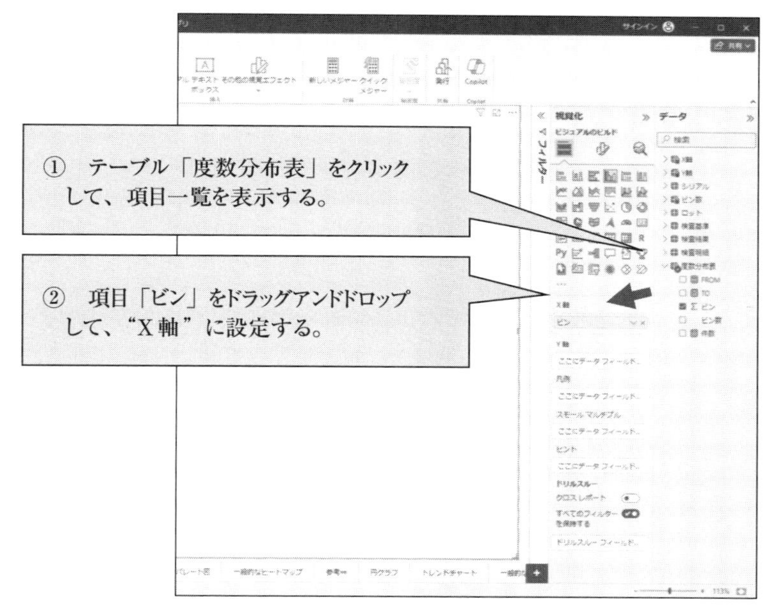

図 4.55 Step2：横軸に設定したい項目を「データ」タブから“X 軸”にドラッグアンドドロップ

(3) Step3：X 軸の表示方法を設定する(図 4.56)

① X 軸項目を左クリックする。

② 「データのない項目を表示する」をクリックする。

(4) Step4：縦軸に設定したい項目を「データ」タブから“Y 軸”にドラッグアンドドロップする(図 4.57)

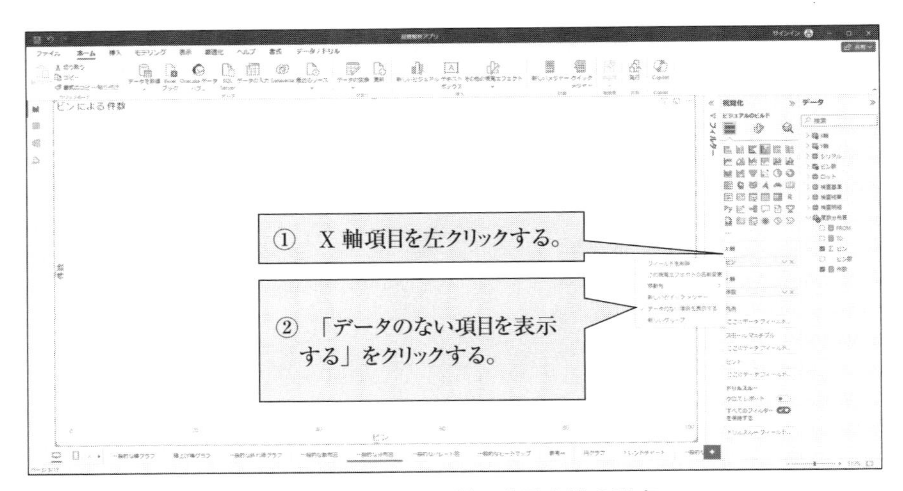

図 4.56　Step3：X 軸の表示方法の設定

図 4.57　Step4：縦軸に設定したい項目を「データ」タブから “Y 軸 ” にドラッグアンドドロップ

① テーブル「度数分布表」をクリックして、項目一覧を表示する。
② 項目「件数」をドラッグアンドドロップして、“Y 軸” に設定する。

(5) Step5：データラベルを表示する (図 4.58)

① 「視覚化」タブの「ビジュアルの書式設定」を選択する。
② 「データ ラベル」のトグルボタンを ON にする。

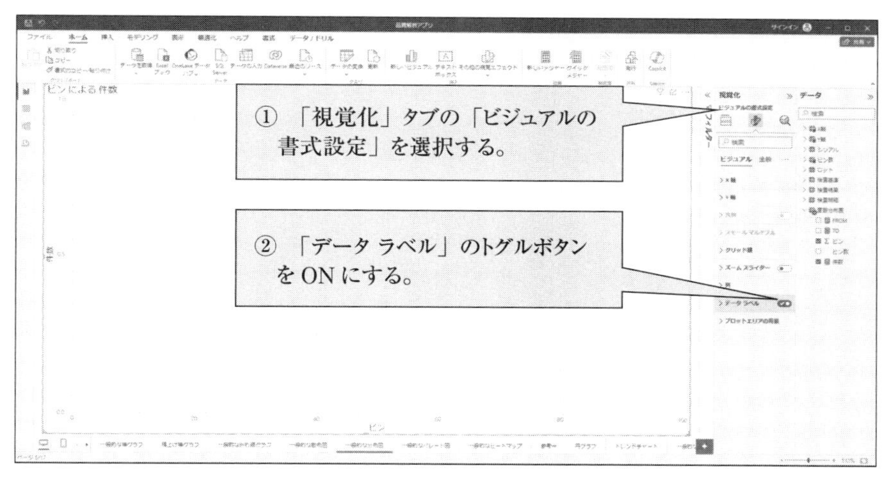

図 4.58 Step5：データラベルを表示

(6) Step6：度数分布表を作成する (図 4.59 〜図 4.62)

① 「視覚化」タブの「マトリックス」をクリックする。
② 項目「ビン」をドラッグアンドドロップして、” 行” に設定する。
③ 項目「FROM」をドラッグアンドドロップして、“値” に設定する。
④ 項目「TO」をドラッグアンドドロップして、“値” に設定する。
⑤ 項目「件数」をドラッグアンドドロップして、“値” に設定する。
⑥ 「視覚化」タブの「ビジュアルの書式設定」を選択する。
⑦ 「列の小計」のトグルボタンを OFF にする。
⑧ 「行の小計」のトグルボタンを OFF にする。

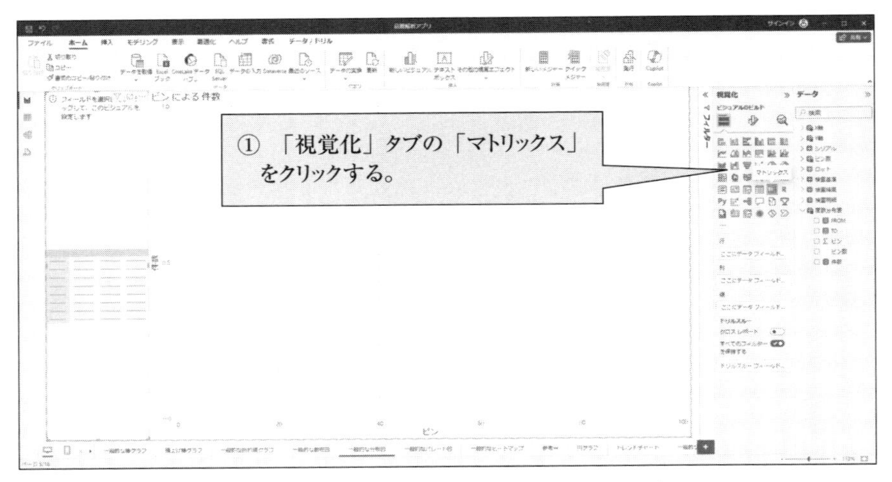

図 4.59　Step6：度数分布表を作成（その 1）

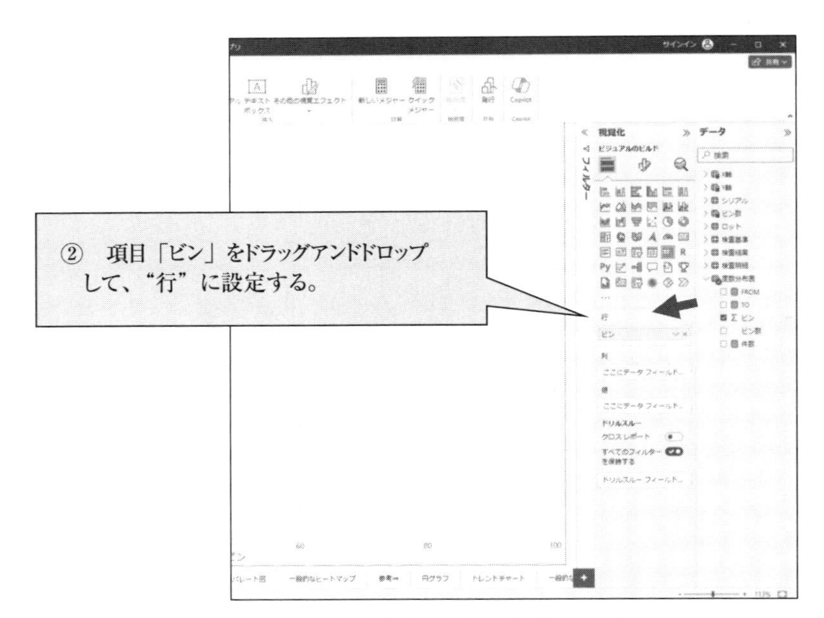

図 4.60　Step6：度数分布表を作成（その 2）

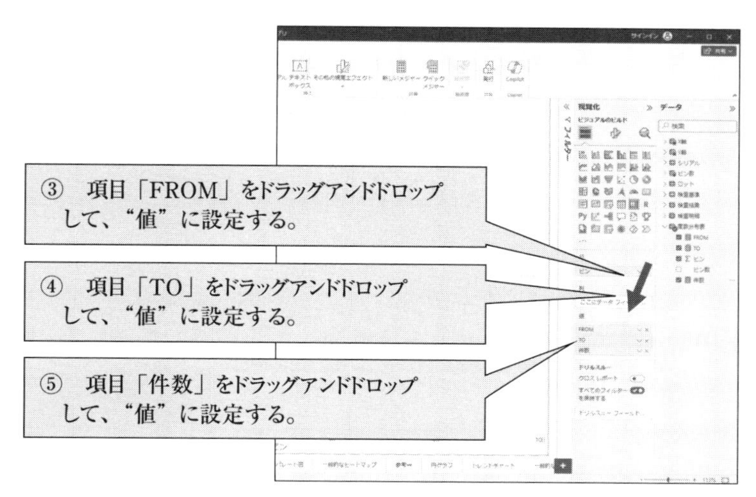

図 4.61　Step6：度数分布表を作成（その 3）

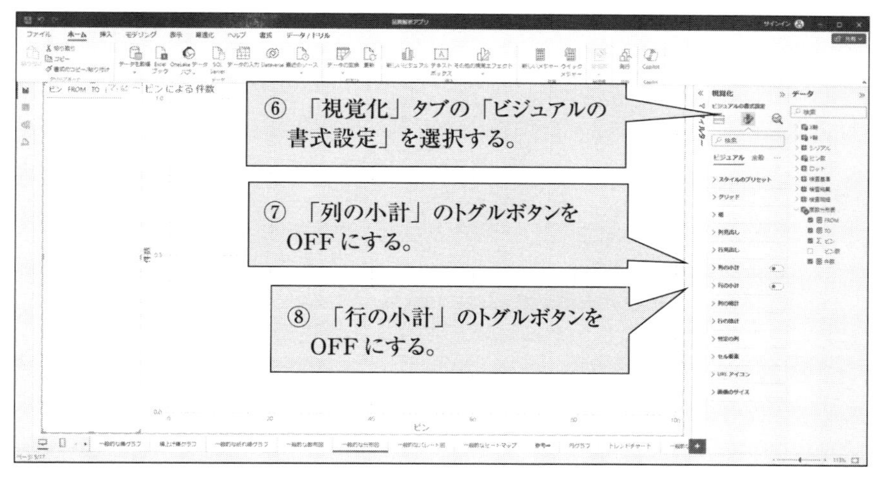

図 4.62　Step6：度数分布表を作成（その 4）

(7)　Step7：項目のスライサーを設定する（図 4.63 〜図 4.66）

①　「視覚化」タブの「スライサー」をクリックする。

②　項目「工程」をドラッグアンドドロップして、“フィールド”に設定する。

③　項目「検査項目」をドラッグアンドドロップして、“フィールド”に設

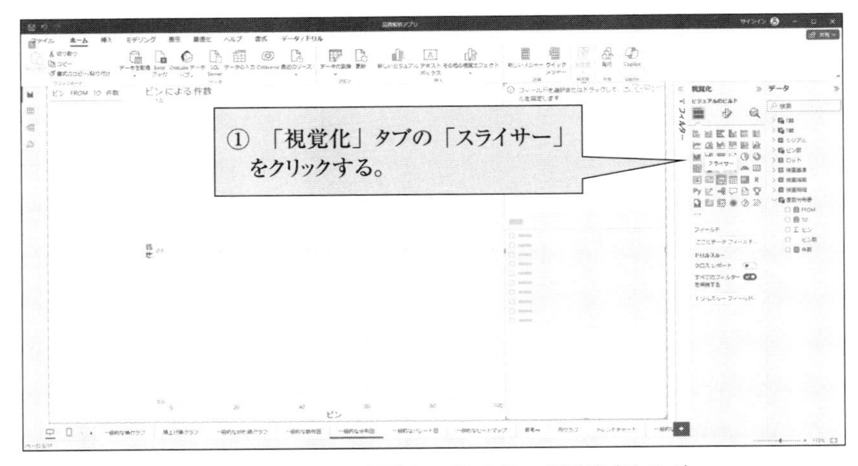

図 4.63　Step7：項目のスライサーを設定（その 1）

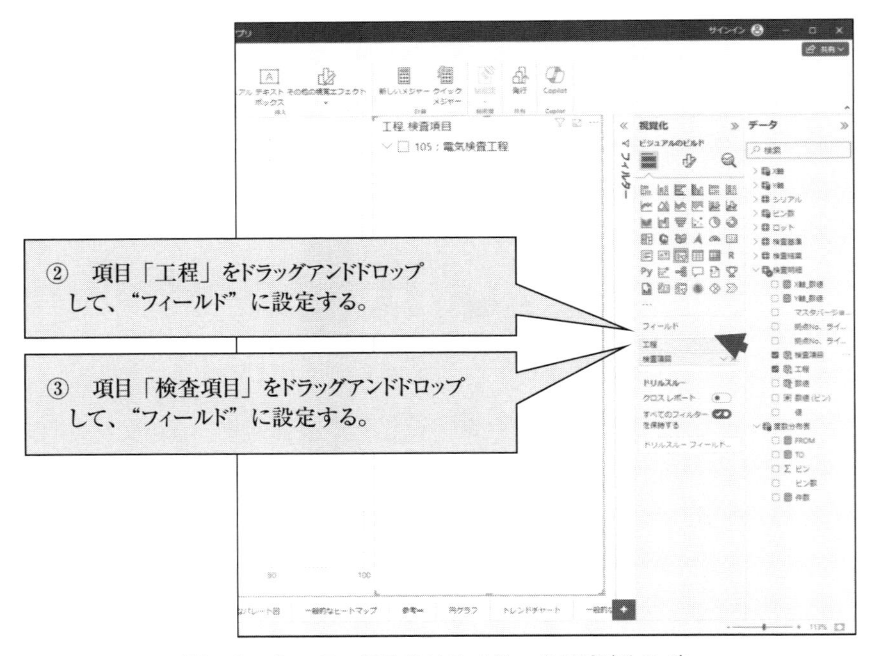

図 4.64　Step7：項目のスライサーを設定（その 2）

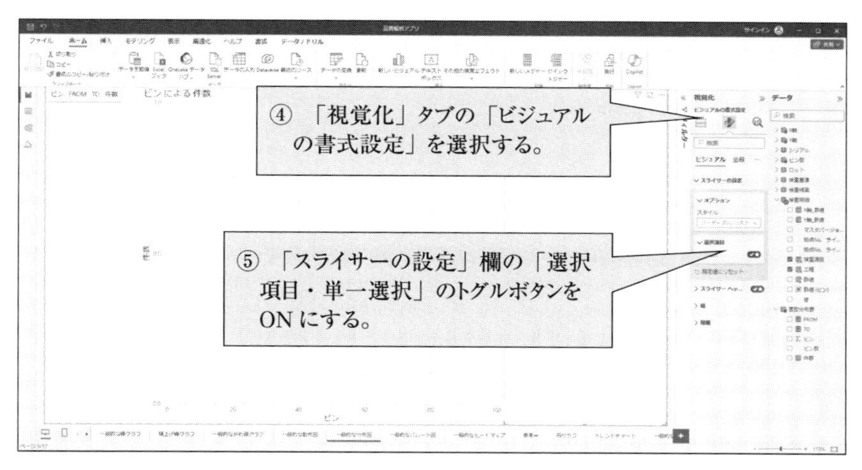

図 4.65　Step7：項目のスライサーを設定（その 3）

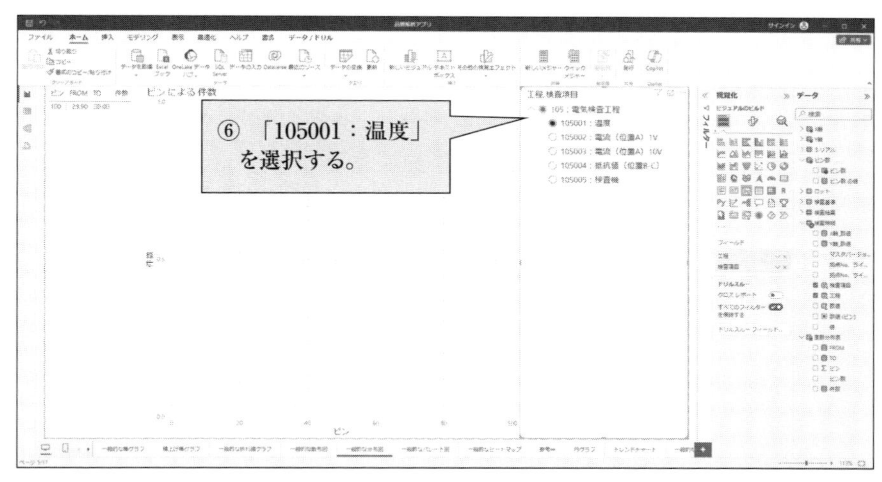

図 4.66　Step7：項目のスライサーを設定（その 4）

定する。

④ 「視覚化」タブの「ビジュアルの書式設定」を選択する。

⑤ 「スライサーの設定」欄の「選択項目・単一選択」のトグルボタンをONにする。

⑥ 「105001：温度」を選択する。

(8)　Step8：ビンのスライサーを設定する（図4.67 ～図4.70）

① 「視覚化」タブの「スライサー」をクリックする。

② 項目「ビン数」をドラッグアンドドロップして、“フィールド”に設定する。

③ 「ビン数」を「20」にする。

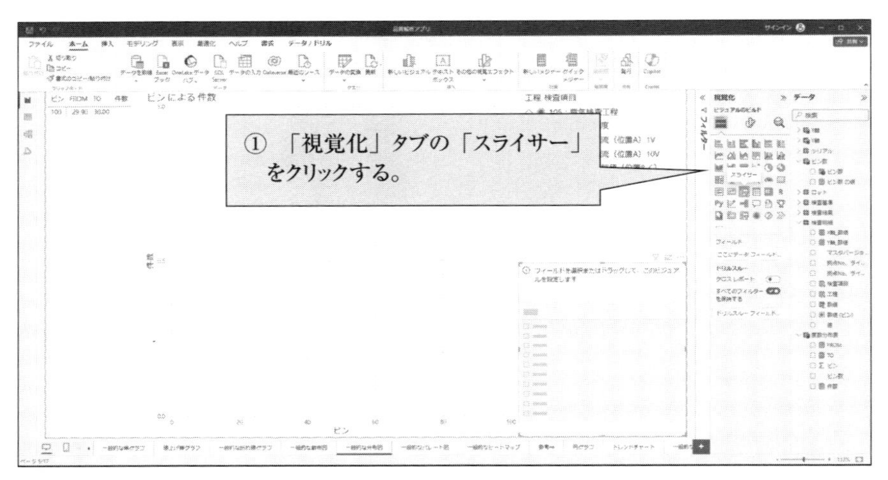

図4.67　Step8：ビンのスライサーを設定（その1）

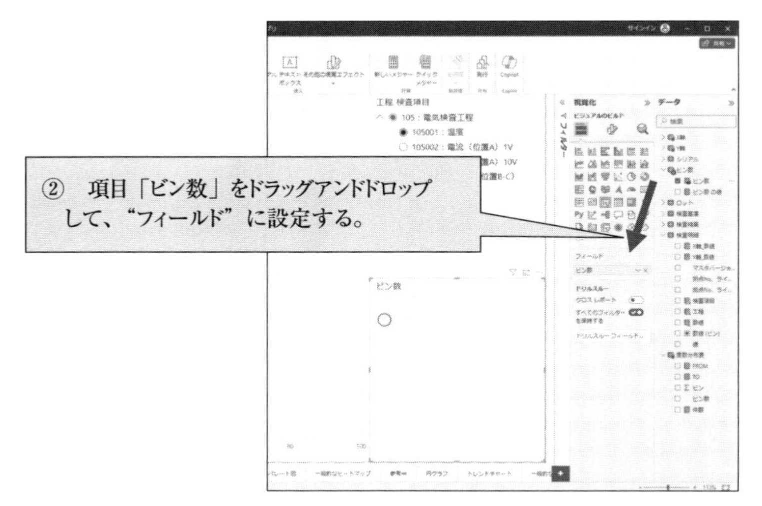

図4.68　Step8：ビンのスライサーを設定（その2）

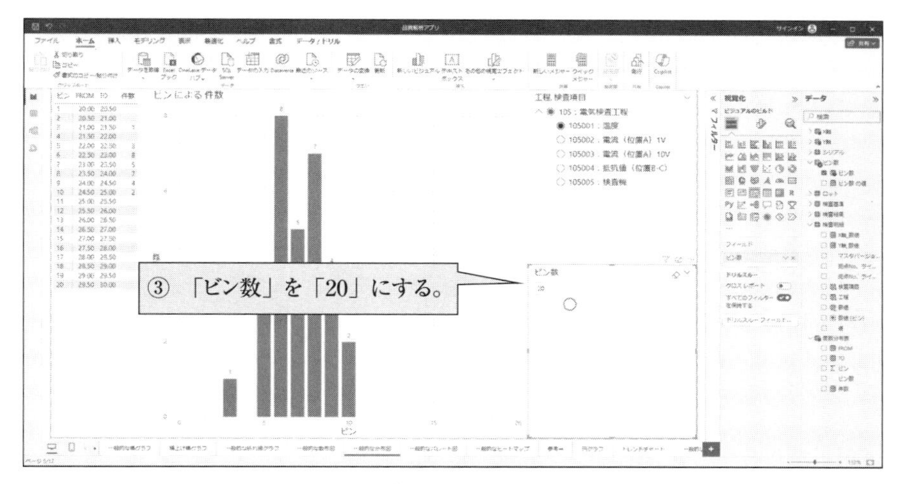

図 4.69　Step8：ビンのスライサーを設定(その 3)

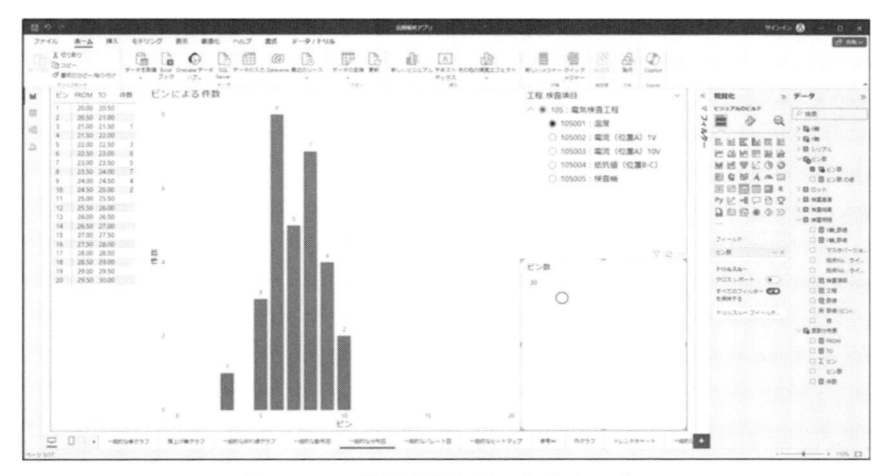

図 4.70　一般的な分布図の完成サンプル

4.8 パレート図

4.8.1 一般的なパレート図

グラフ作成は次の Step で実施します。

Step1　「視覚化」タブから「折れ線グラフおよび積み上げ縦棒グラフ」を選択する。
Step2　横軸に設定したい項目を「データ」タブから“X 軸”にドラッグアンドドロップする。
Step3　棒グラフの縦軸に設定したい項目を「データ」タブから“列の Y 軸”にドラッグアンドドロップする。
Step4　列の Y 軸の集計方法を設定する。
Step5　折れ線グラフの縦軸に設定したい項目を「データ」タブから“線の Y 軸”にドラッグアンドドロップする。
Step6　第 2Y 軸の「最小値」を 0 に変更する。
Step7　データラベルを表示する。
Step8　グラフ内データをソートする。

では Step ごとに具体的に説明します。

(1)　Step1：「視覚化」タブから「折れ線グラフおよび積み上げ縦棒グラフ」を選択する（図 4.71）

①「視覚化」タブの「折れ線グラフおよび積み上げ縦棒グラフ」をクリックする。

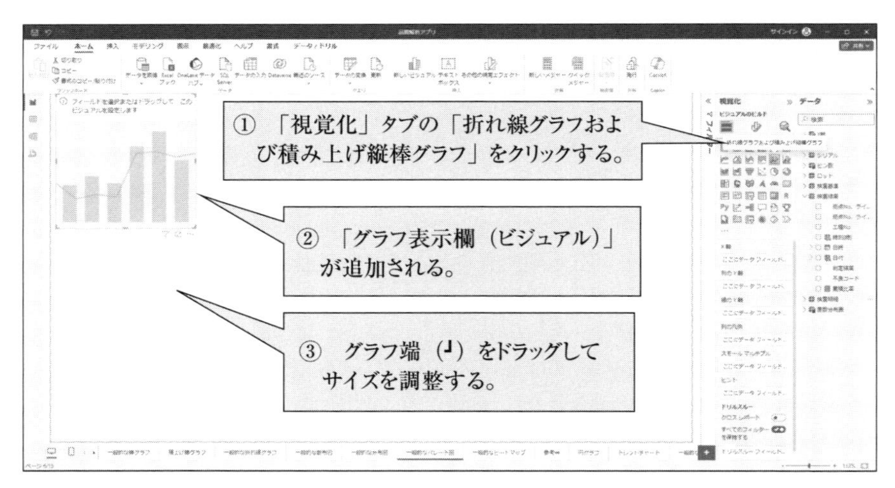

図 4.71　Step1：「視覚化」タブから「折れ線グラフおよび積み上げ縦棒グラフ」を選択

② 「グラフ表示欄(ビジュアル)」が追加される。

③ グラフ端(┘)をドラッグしてサイズを調整する。

(2) Step2：横軸に設定したい項目を「データ」タブから“X 軸”にドラッグアンドドロップする(図 4.72)

① テーブル「検査結果」をクリックして、項目一覧を表示する。

② 項目「不良コード」をドラッグアンドドロップして、“X 軸”に設定する。

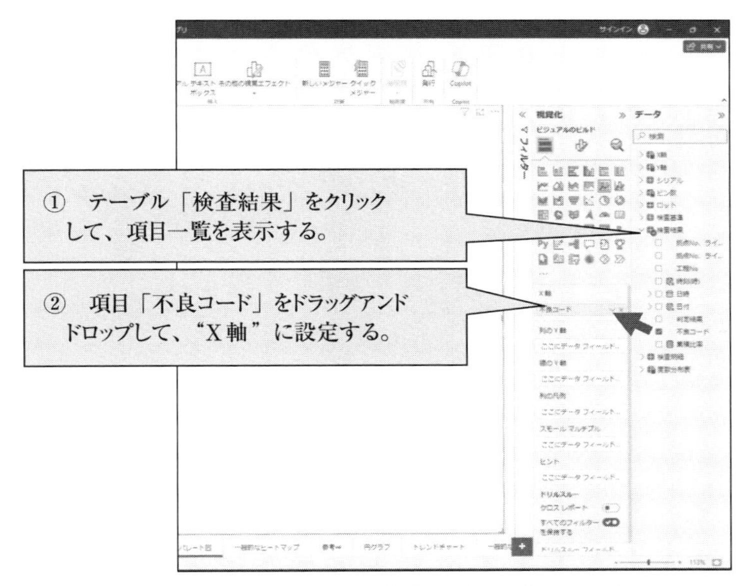

図 4.72　Step2：横軸に設定したい項目を「データ」タブから“X 軸”にドラッグアンドドロップ

(3) Step3：棒グラフの縦軸に設定したい項目を「データ」タブから“列の Y 軸”にドラッグアンドドロップする(図 4.73)

① テーブル「検査結果」をクリックして、項目一覧を表示する。

② 項目「不良コード」をドラッグアンドドロップして、“列の Y 軸”に設定する。

図 4.73　Step3：棒グラフの縦軸に設定したい項目を「データ」タブから“列のY軸”にドラッグアンドドロップ

(4)　Step4：列の Y 軸の集計方法を設定する (図 4.74)

① 列の Y 軸の項目を左クリックする。

② 「カウント」をクリックする。

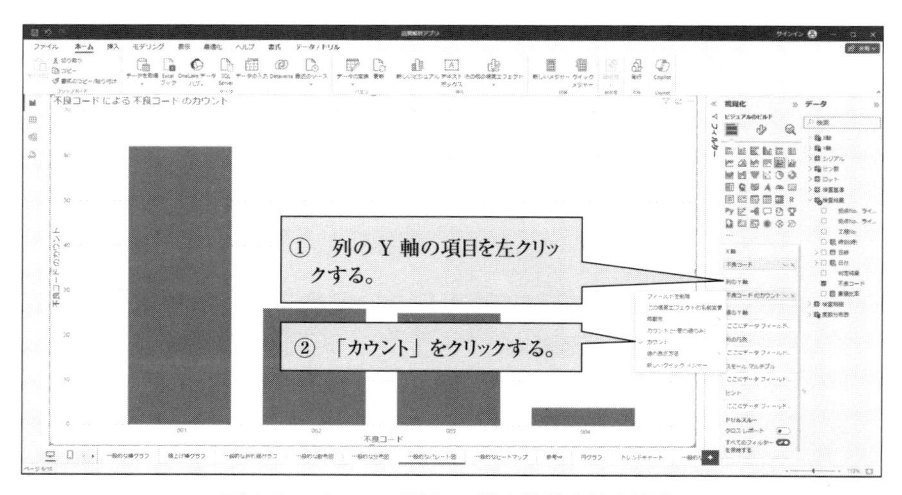

図 4.74　Step4：列の Y 軸の集計方法を設定

(5)　Step5：折れ線グラフの縦軸に設定したい項目を「データ」タブから“線の Y 軸”にドラッグアンドドロップする図 4.75)

①　テーブル「検査結果」をクリックして、項目一覧を表示する。

②　項目「累積比率」をドラッグアンドドロップして、“線の Y 軸”に設定する。

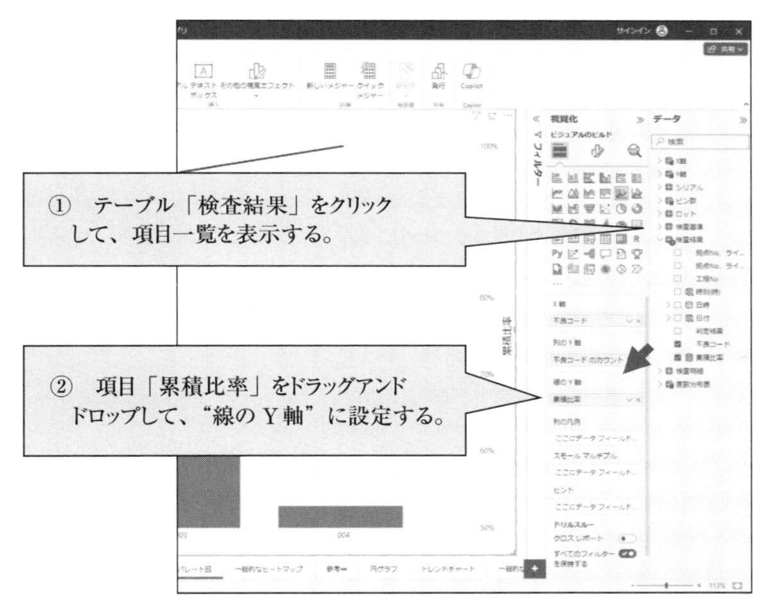

図 4.75　折れ線グラフの縦軸に設定したい項目を「データ」タブから“線の Y 軸”にドラッグアンドドロップ

(6)　Step6：第 2Y 軸の「最小値」を 0 に変更する (図 4.76)

①　「視覚化」タブの「ビジュアルの書式設定」を選択する。

②　「タイトル」欄の「第 2Y 軸 - 範囲」の「最小値」を「0」に変更する。

(8)　Step8：グラフ内データをソートする (図 4.77、図 4.78)

①　グラフの右上(もしくは右下)の「…」をクリックする。

②　「軸の並び替え」の「不良コードのカウント」をクリックする。

③　「軸の並び替え」の「降順で並び替え」をクリックする。

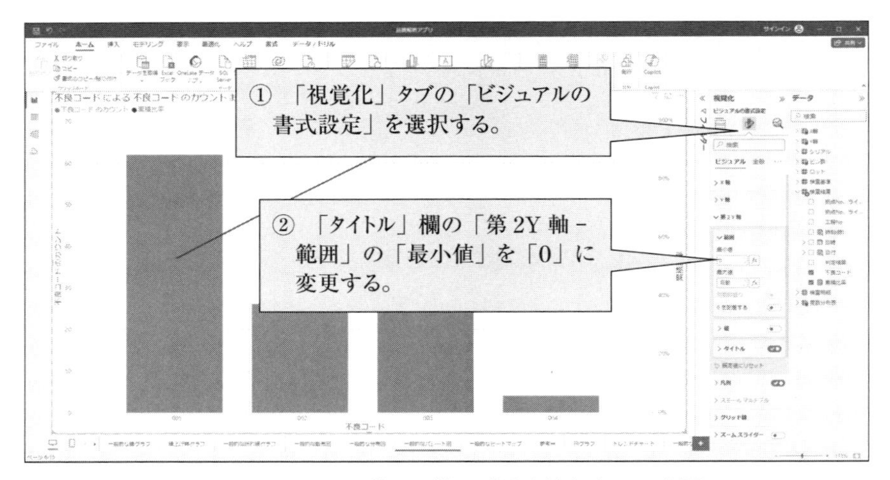

図 4.76　Step6：第 2Y 軸の「最小値」を 0 に変更

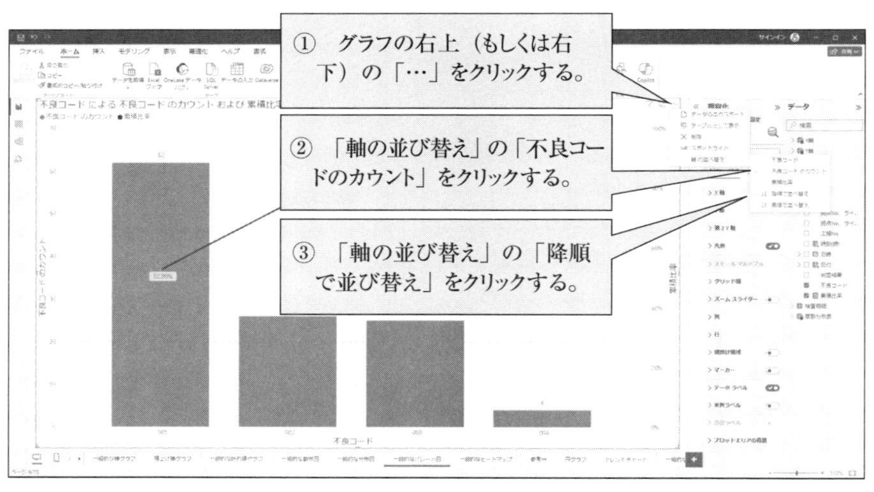

図 4.77　Step8：グラフ内データのソート

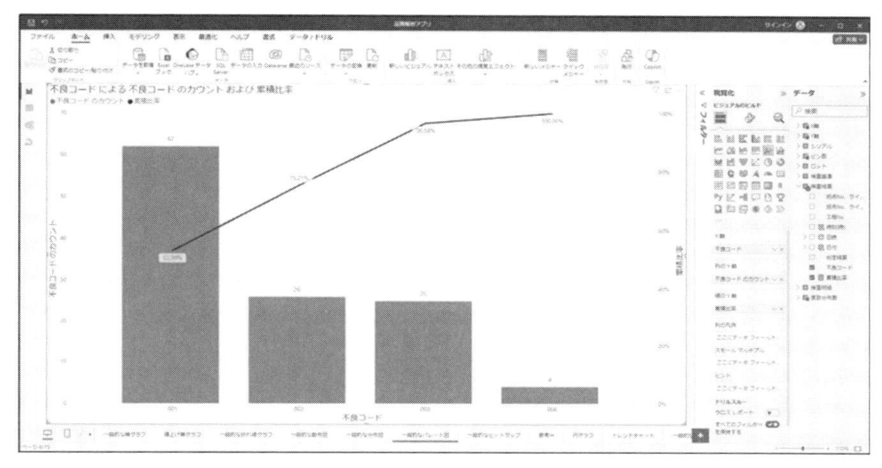

図 4.78　一般的なパレート図の完成サンプル

4.9 ヒートマップ

4.9.1 一般的なヒートマップ

グラフ作成は次の Step で実施します。

Step1　「視覚化」タブから「マトリックス」を選択する。

Step2　行に設定したい項目を「データ」タブから”行”にドラッグアンドドロップする。

Step3　列に設定したい項目を「データ」タブから”列”にドラッグアンドドロップする。

Step4　値に設定したい項目を「データ」タブから“値”にドラッグアンドドロップする。

Step5　値の集計方法を設定する。

Step6　合計行を削除する。

Step7　グラデーションを設定する。

Step8　スライサーを設定する。

では Step ごとに具体的に説明します。

(1)　Step1：「視覚化」タブから「マトリックス」を選択する（図 4.79）

① 「視覚化」タブの「マトリックス」をクリックする。

② 「グラフ表示欄(ビジュアル)」が追加される。

③ グラフ端(┛)をドラッグしてサイズを調整する。

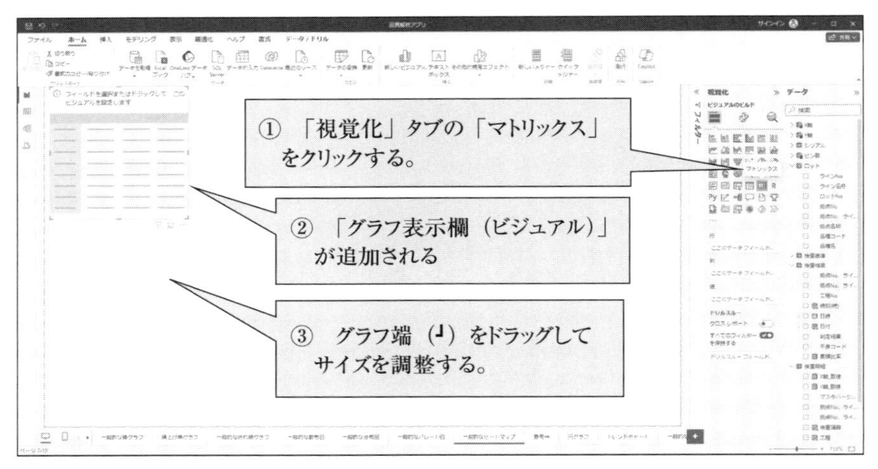

図 4.79　Step1：「視覚化」タブから「マトリックス」を選択

(2)　Step2：行に設定したい項目を「データ」タブから " 行 " にドラッグアンドドロップする（図 4.80）

① テーブル「検査結果」をクリックして、項目一覧を表示する。

② 項目「時刻(時)」をドラッグアンドドロップして、” 行” に設定する。

(3)　Step3：列に設定したい項目を「データ」タブから " 列 " にドラッグアンドドロップする（図 4.81、図 4.82）

① テーブル「検査結果」をクリックして、項目一覧を表示する。

② 項目「日付」をドラッグアンドドロップして、” 列” に設定する。

③ 列を左クリックする。

④ 「日付」をクリックする。

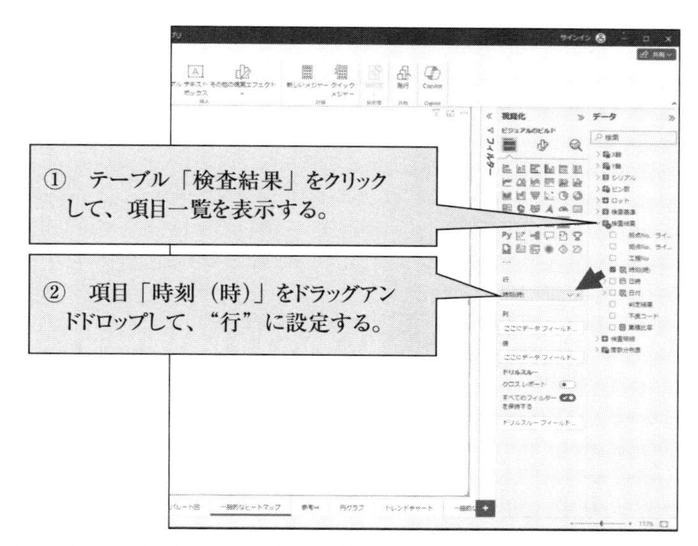

図 4.80 Step2：行に設定したい項目を「データ」タブから " 行 " にドラッグアンドドロップ

図 4.81 Step3：列に設定したい項目を「データ」タブから " 列 " にドラッグアンドドロップ（その 1）

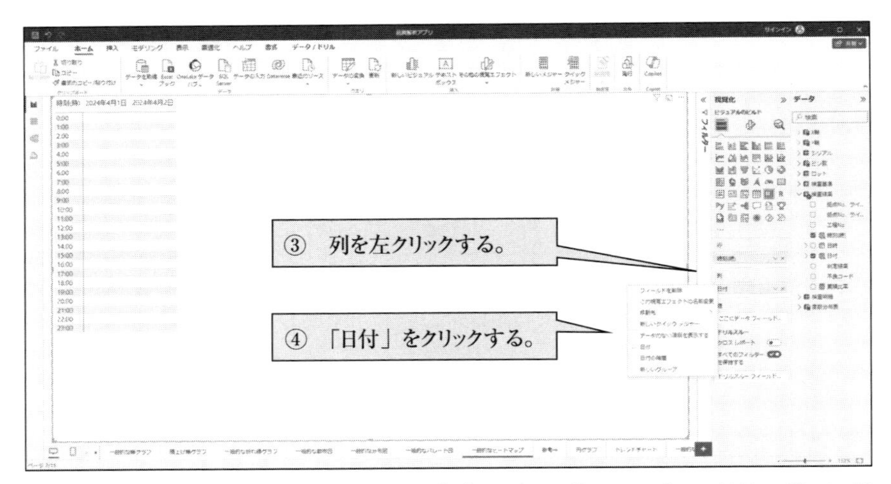

図 4.82　Step3：列に設定したい項目を「データ」タブから " 列 " にドラッグアンドドロップ（その 2）

(4)　Step4：値に設定したい項目を「データ」タブから " 値 " にドラッグアンドドロップする（図 4.83）

① テーブル「検査明細」をクリックして、項目一覧を表示する。

② 項目「数値」をドラッグアンドドロップして、"値" に設定する。

(5)　Step5：値の集計方法を設定する（図 4.84）

① 値の項目を左クリックする。

② 「平均」をクリックする。

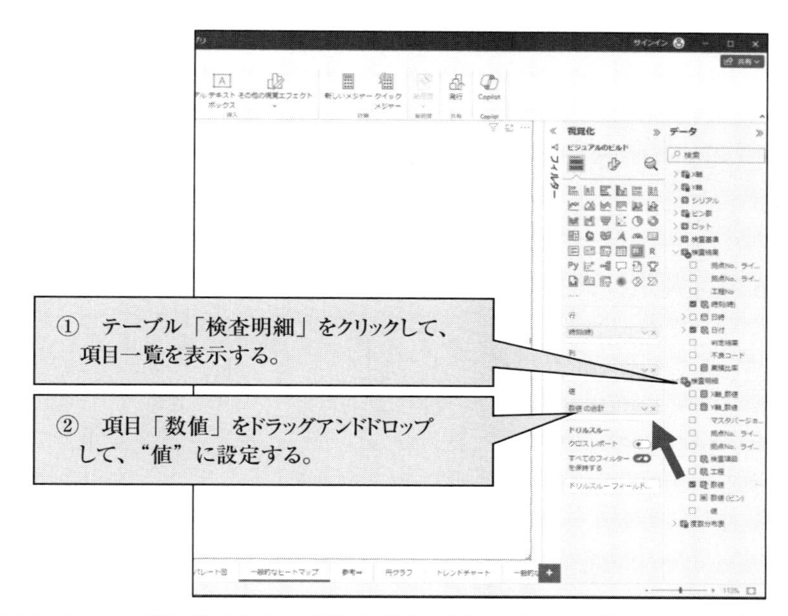

図 4.83　Step4：値に設定したい項目を「データ」タブから“値”にドラッグアンドドロップ

図 4.84　Step5：値の集計方法を設定

(6)　Step6.: 合計行を削除する (図 4.85)

① 「視覚化」タブの「ビジュアルの書式設定」を選択する。
② 「列の小計」のトグルボタンを OFF にする。
③ 「行の小計」のトグルボタンを OFF にする。

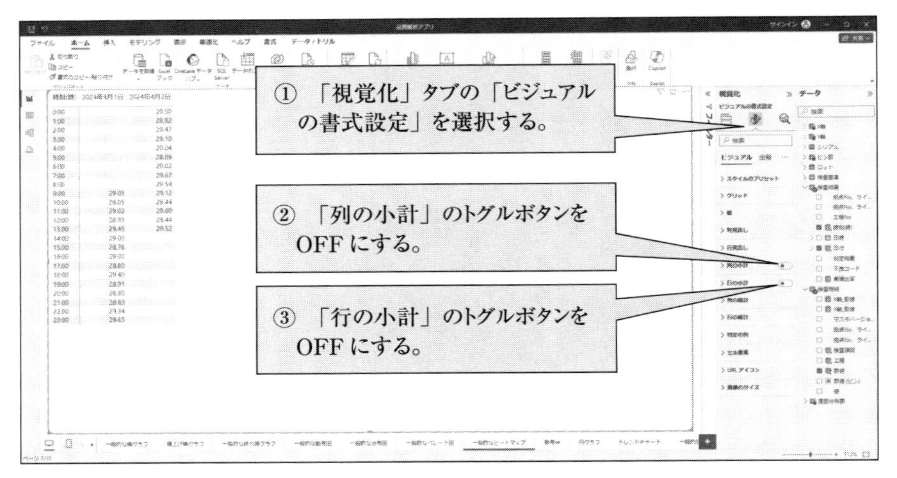

図 4.85　Step6：合計行を削除

(7)　Step7：グラデーションを設定する（図 4.86、図 4.87）

① 「視覚化」タブの「ビジュアルの書式設定」を選択する。
② 「セル要素」欄の「背景色」のトグルボタンを ON にする。
③ 「背景色」の「fx」をクリックする。
④ グラデーション設定を行う。
⑤ 「OK」をクリックする。

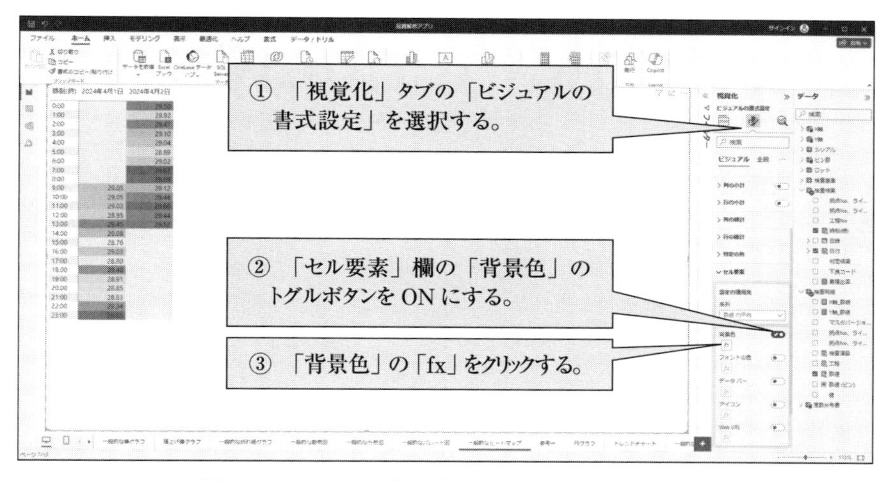

図 4.86　Step7：グラデーションを設定（その 1）

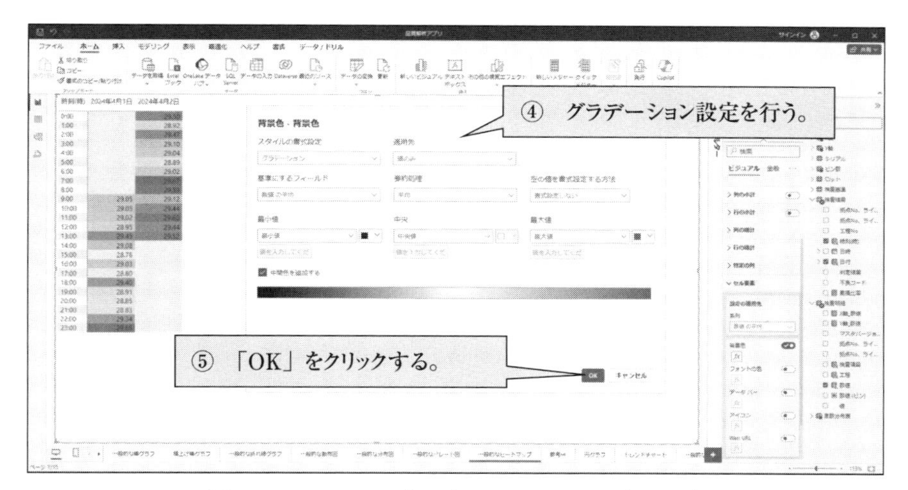

図 4.87　Step7：グラデーションを設定（その 2）

(8)　Step8：スライサーを設定する（図 4.88 ～図 4.92）

① 「視覚化」タブの「スライサー」をクリックする。

② 項目「工程」をドラッグアンドドロップして、“フィールド”に設定する。

③ 項目「検査項目」をドラッグアンドドロップして、“フィールド”に設定する。

④ 「視覚化」タブの「ビジュアルの書式設定」を選択する。

⑤ 「スライサーの設定」欄の「選択項目・単一選択」のトグルボタンをONにする。

⑥ 「105002：電流（位置 A）1V」を選択する。

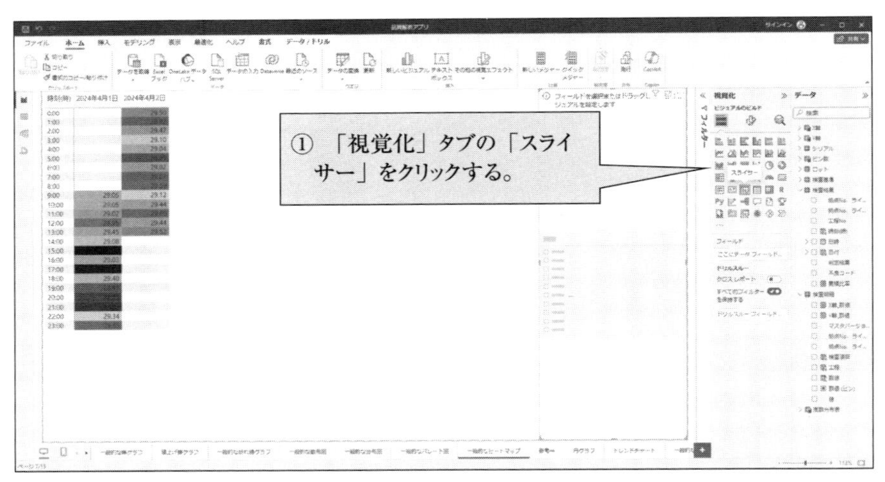

図 4.88　Step8：スライサーを設定する（その 1）

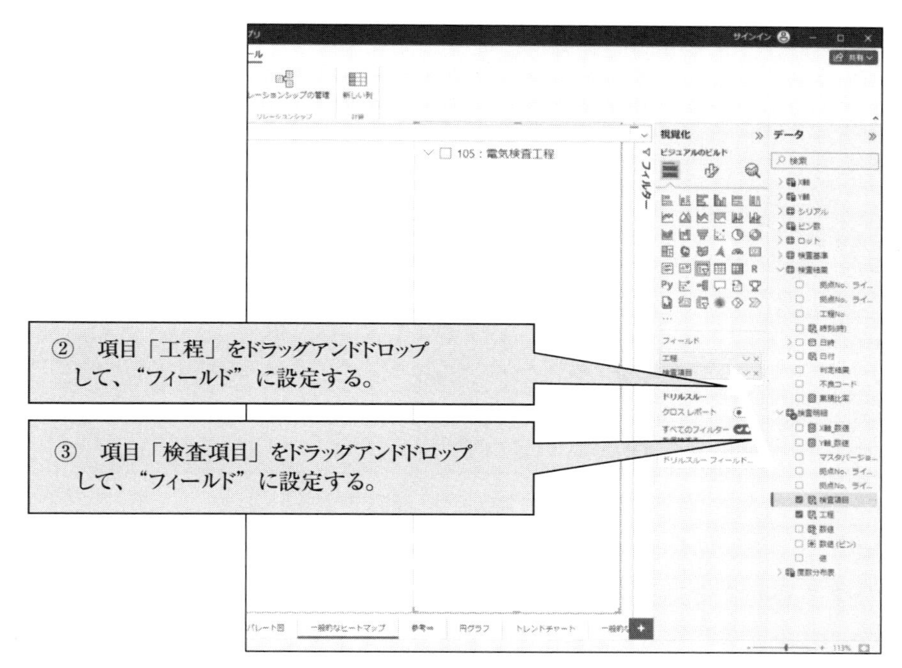

図 4.89　Step8：スライサーを設定する（その 2）

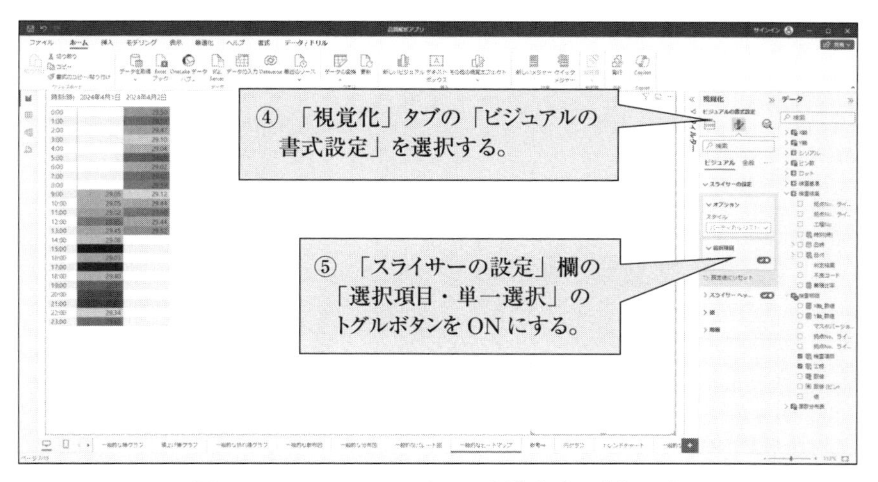

図 4.90　Step8：スライサーを設定する（その 3）

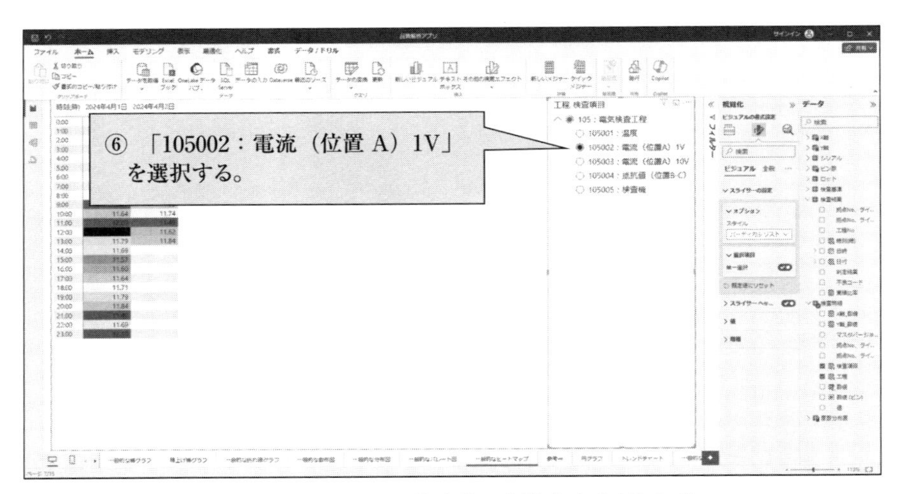

図 4.91　Step8：スライサーを設定する（その 4）

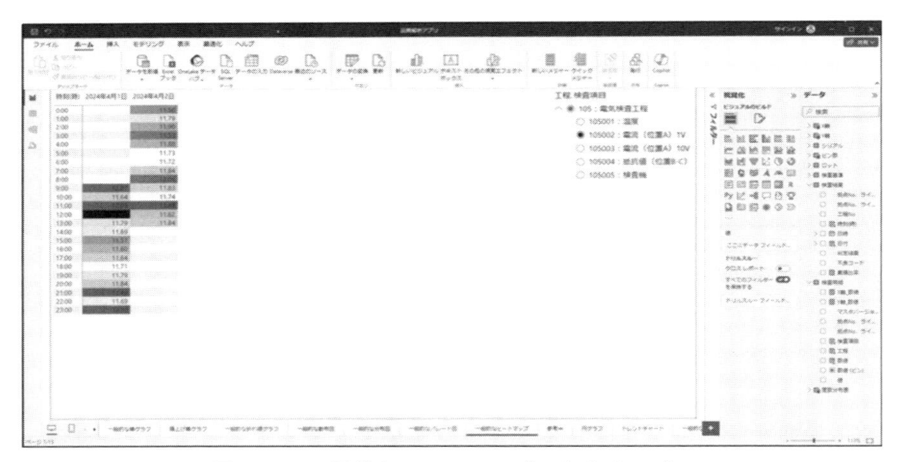

図 4.92　一般的なヒートマップの完成サンプル

第5章

高度な活用例

第4章では基本的なグラフの作成方法について説明しました。実際の解析を行うにはいろいろ追加設定をすることで使い勝手が向上します。よく使用する追加設定項目について本章で取り上げますのでぜひ一通り覚えて使ってみてください。

5.1　スライサー

スライサーは、データを抽出する条件を設定できる機能です。表示しているデータに絞り込みをかけ、見たいデータだけを表示することができます。

次のStepで実施します。

Step1　「視覚化」タブの「スライサー」を選択する。

Step2　フィルターに設定したい項目を「データ」タブから“フィールド”にドラッグアンドドロップする。

Step3　フィルターを単一選択に設定する。

Step4　絞り込み項目を選択する。

ではStepごとに具体的に説明します。

(1)　Step1：「視覚化」タブの「スライサー」を選択する(図5.1)

①　「視覚化」タブの「スライサー」をクリックする。

②　「グラフ表示欄(ビジュアル)」が追加される。

③　グラフ端(┛)をドラッグしてサイズを調整する。

(2)　Step2：フィルターに設定したい項目を「データ」タブから“フィールド”にドラッグアンドドロップする(図5.2)

①　項目「工程」をドラッグアンドドロップして、“フィールド”に設定する。

② 項目「検査項目」をドラッグアンドドロップして、“フィールド”に設定する。

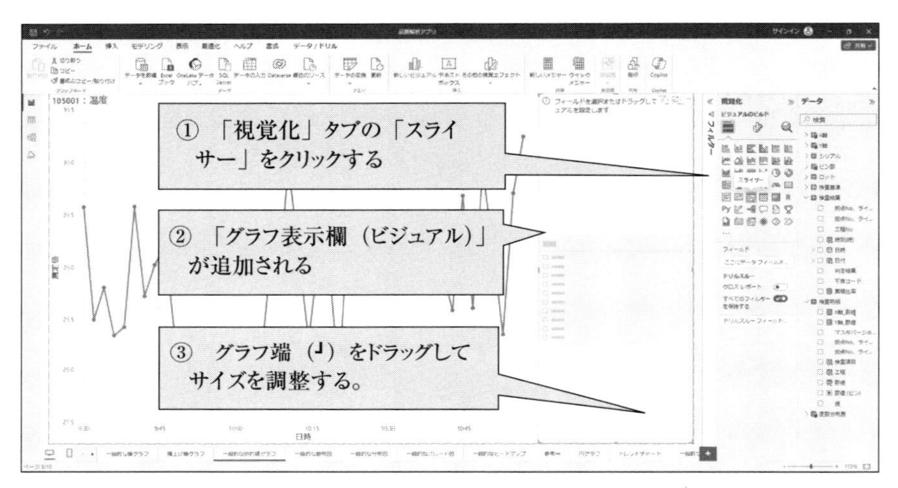

図 5.1 Step1：「視覚化」タブの「スライサー」を選択

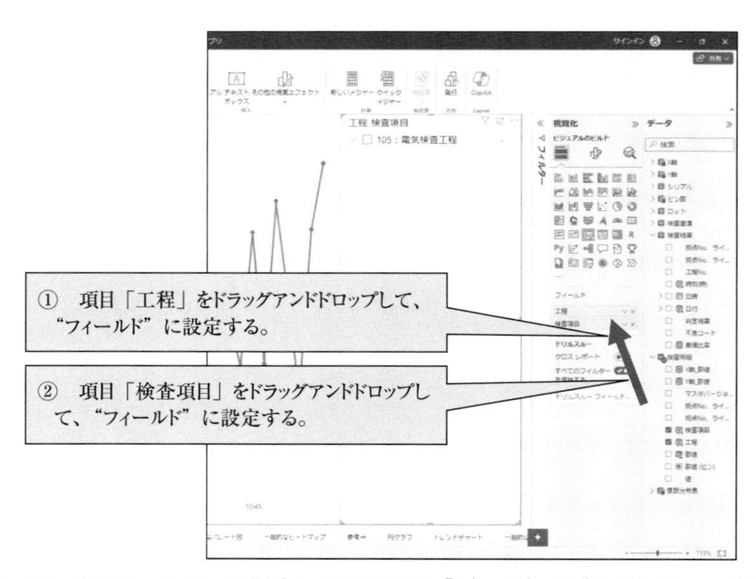

図 5.2 Step2：フィルターに設定したい項目を「データ」タブから“フィールド”にドラッグアンドドロップ

(3)　Step3：フィルターを単一選択に設定する(図 5.3)

① 「視覚化」タブの「ビジュアルの書式設定」を選択する。

② 「スライサーの設定」欄の「選択項目・単一選択」のトグルボタンを ON にする。

(4)　Step4：絞り込み項目を選択する(図 5.4、図 5.5)

① 「105002：電流(位置 A) 1V」を選択する。

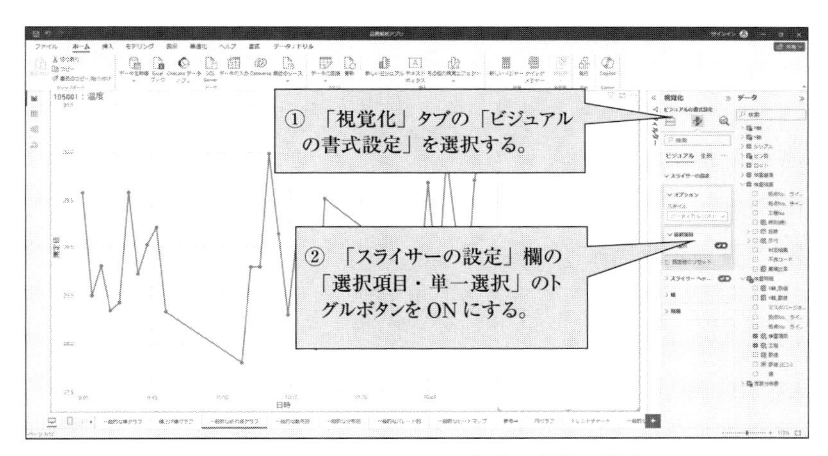

図 5.3　Step3：フィルターを単一選択に設定

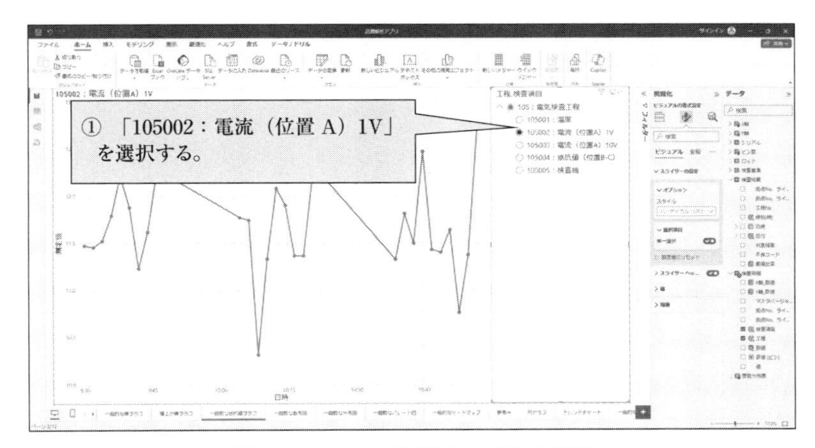

図 5.4　Step4：絞り込み項目を選択

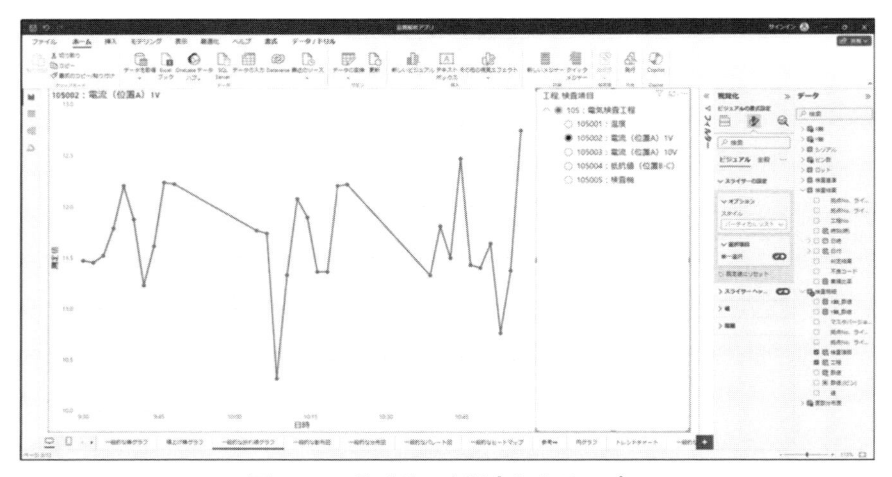

図 5.5　スライサーを設定したサンプル

5.2　フィルター

文字列検索や相対日付の検索など複雑な条件の抽出条件の設定はフィルターで行えます。フィルターには、次のように多数の機能があります。

①　自動フィルター
②　手動フィルター
③　包含および除外フィルター
④　ドリルダウン フィルター
⑤　クロス詳細フィルター
⑥　ドリルスルー フィルター
⑦　URL フィルター
⑧　パススルー フィルター

ここでは手動フィルターの使用例について説明します。設定は次のStepで実施します。

Step1　「フィルター」タブを開く

Step2　フィルターに設定したい項目を「データ」タブから“このページでのフィルター”にドラッグアンドドロップする。

Step3　絞り込み項目を選択する。

ではStepごとに具体的に説明します。

5.2.1　手動フィルターの使い方

(1)　Step1：「フィルター」タブを開く(図 5.6)

①　「フィルター」タブを開く。

(2)　Step2：フィルターに設定したい項目を「データ」タブから“このページでのフィルター”にドラッグアンドドロップする(図 5.7)

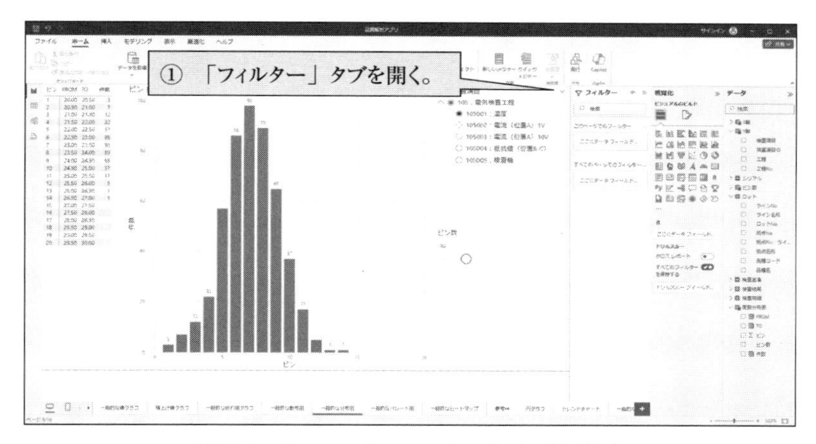

図 5.6　Step1：「フィルター」タブを開く

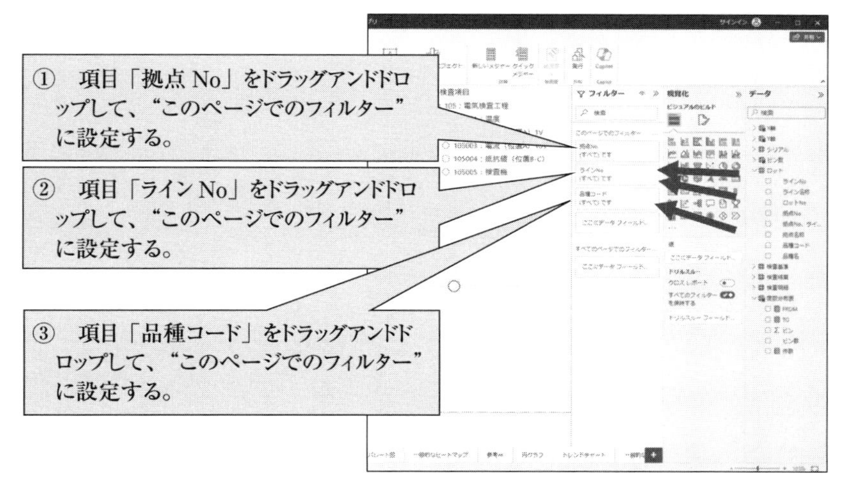

図 5.7　Step2：フィルターに設定したい項目を「データ」タブから“このページでのフィルター”にドラッグアンドドロップ

(3)　Step3：絞り込み項目を選択する(図5.8、図5.9)

①「品種コード」の「2AA1」を選択する。

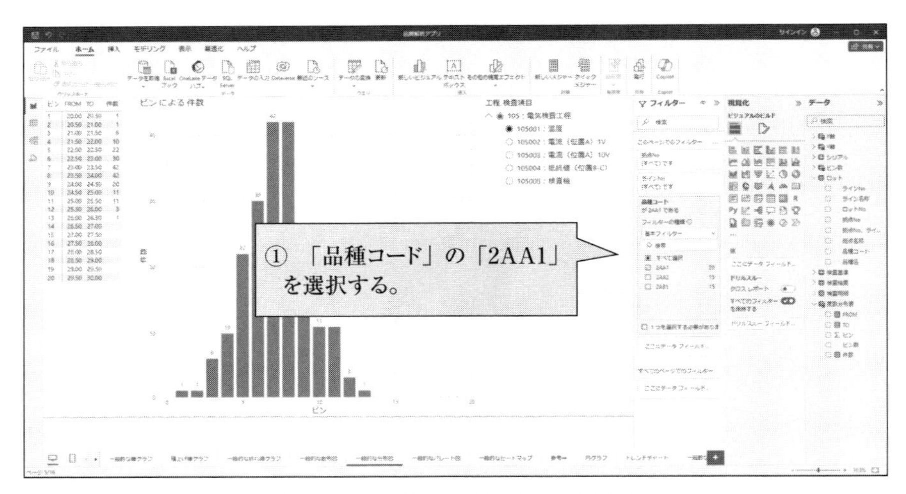

図5.8　Step3：絞り込み項目を選択

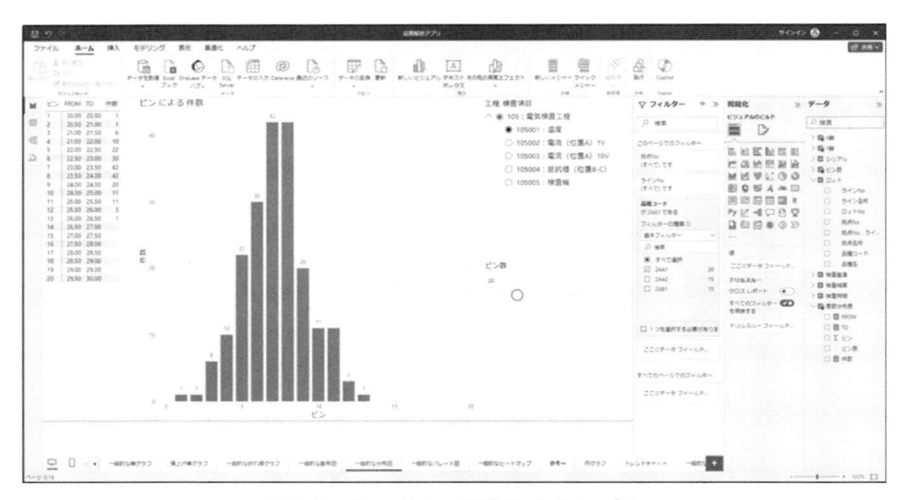

図5.9　フィルター設定したサンプル

5.3　折れ線グラフ

折れ線グラフを使用する際には、現在の測定値が基準値の管理幅に入っているかどうかを見る必要があります。

そのため、「上下限値設定」が必要になります。

ここでは「上下限値設定」の設定方法について説明します。

5.3.1　上下限値設定

上下限値の設定は次の Step で実施します。

Step1　上限値に設定したい項目を「データ」タブから“Y 軸”にドラッグアンドドロップする。

Step2　上限値の集計方法を設定する。

Step3　下限値に設定したい項目を「データ」タブから“Y 軸”にドラッグアンドドロップする。

Step4　下限値の集計方法を設定する。

Step5　上下限値のグラフの色を設定する。

Step6　上下限値のマーカーを非表示にする。

では Step ごとに具体的に説明します。

(1)　Step1：上限値に設定したい項目を「データ」タブから“Y 軸”にドラッグアンドドロップする (図 5.10)

①　項目「規格上限」をドラッグアンドドロップして、“Y 軸”に設定する。

(2)　Step2：上限値の集計方法を設定する (図 5.11)

①　追加した Y 軸の「規格上限」を左クリックする。

②　「平均」をクリックする。

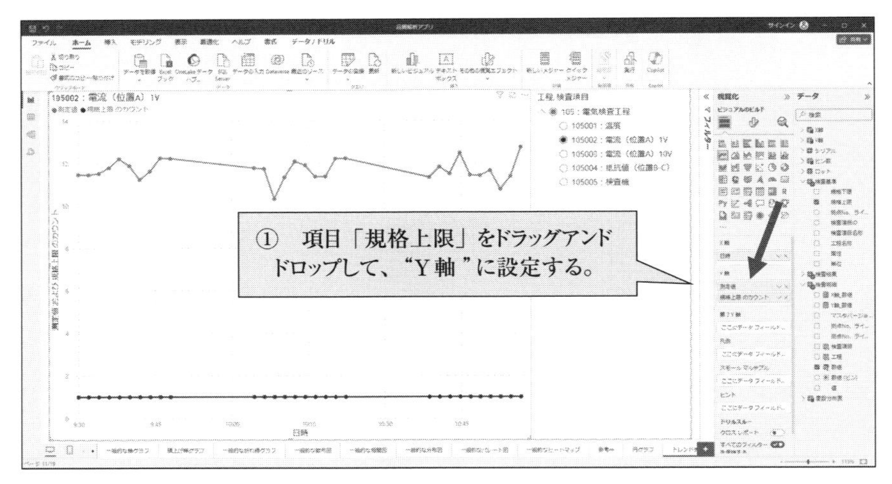

図 5.10　Step1：上限値に設定したい項目を「データ」タブから “Y 軸 ” にドラッグアンドドロップ

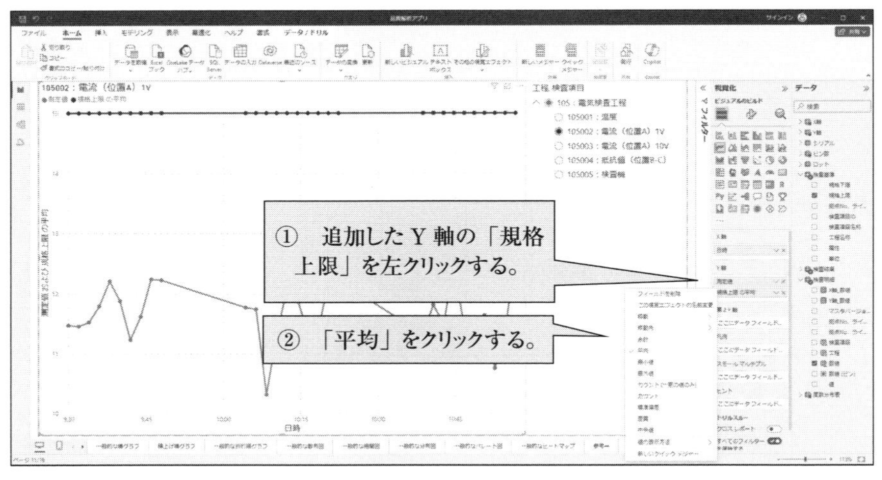

図 5.11　Step2：上限値の集計方法を設定する

(3)　Step3：下限値に設定したい項目を「データ」タブから “Y 軸 ” にドラッグアンドドロップする (図 5.12)

① 項目「規格下限」をドラッグアンドドロップして、“Y 軸” に設定する。

(4)　Step4：下限値の集計方法を設定する（図 5.13）

① 追加した Y 軸の「規格下限」を左クリックする。

② 「平均」をクリックする。

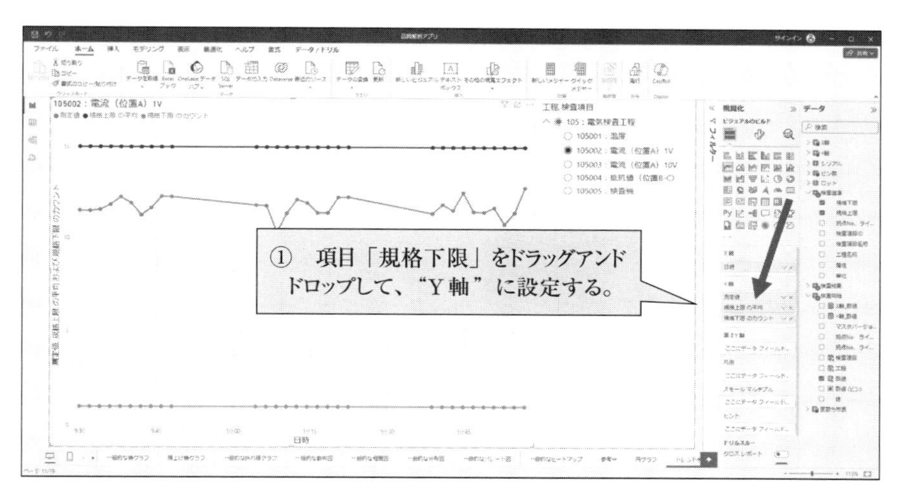

図 5.12　Step3：下限値に設定したい項目を「データ」タブから “Y 軸” にドラッグアンドドロップ

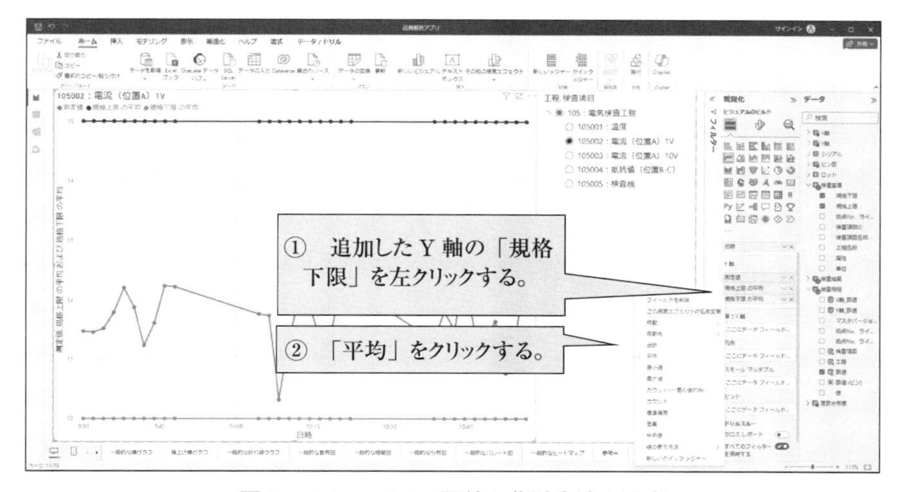

図 5.13　Step4：下限値の集計方法を設定

(5)　Step5：上下限値のグラフの色を設定する（図 5.14 ～図 5.17）

①　「視覚化」タブの「ビジュアルの書式設定」を選択する。

②　「行」欄の「設定の適用先・系列」で「規格上限の平均」をクリックする。

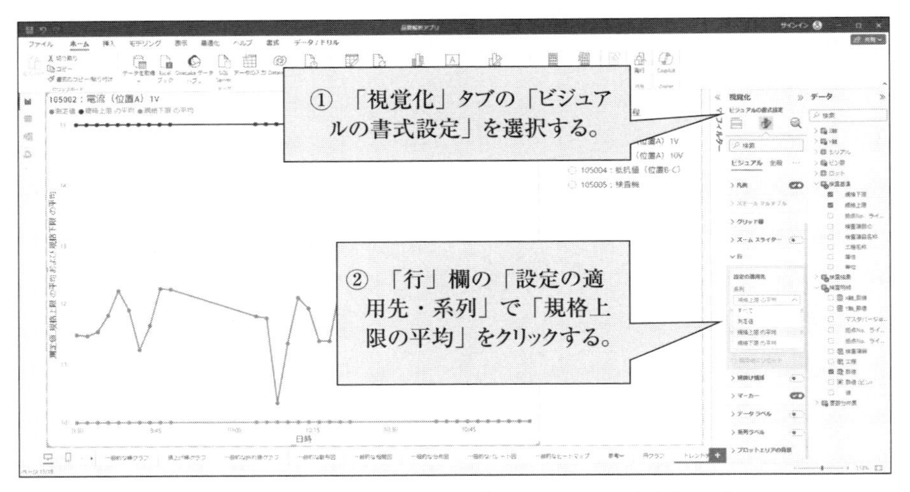

図 5.14　Step5：上下限値のグラフの色を設定（その 1）

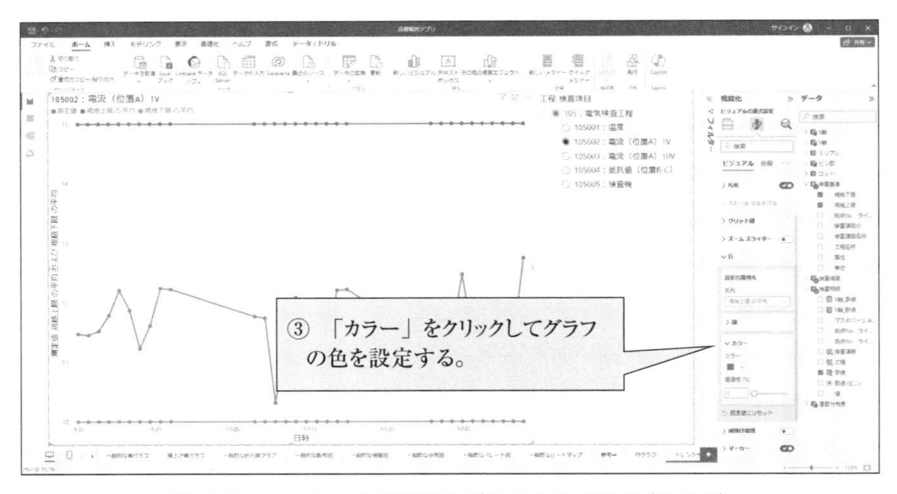

図 5.15　Step5：上下限値のグラフの色を設定（その 2）

③「カラー」をクリックしてグラフの色を設定する。

④「行」欄の「設定の適用先・系列」で「規格下限の平均」をクリックする。

⑤「カラー」をクリックしてグラフの色を設定する。

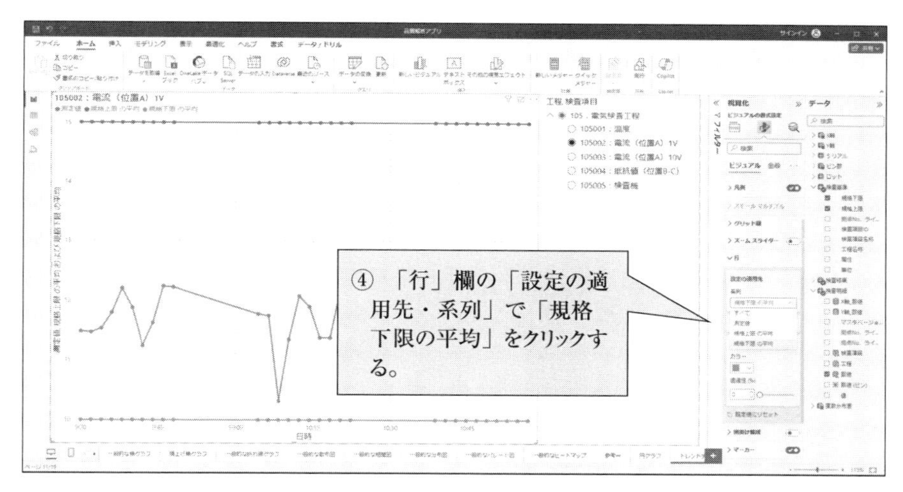

図 5.16　Step5：上下限値のグラフの色を設定（その 3）

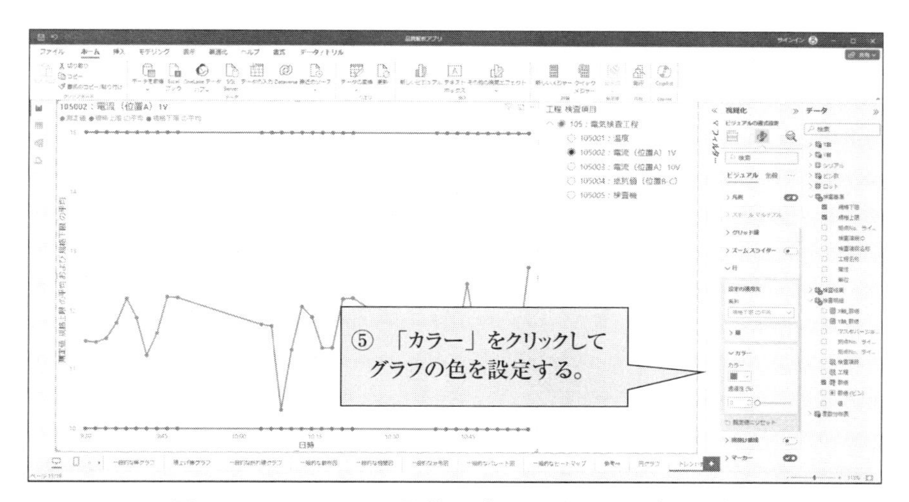

図 5.17　Step5：上下限値のグラフの色を設定（その 4）

(6)　Step6：上下限値のマーカーを非表示にする（図 5.18 ～図 5.22）

① 「視覚化」タブの「ビジュアルの書式設定」を選択する。

② 「マーカー」欄の「設定の適用先・系列」で「規格上限の平均」をクリックする。

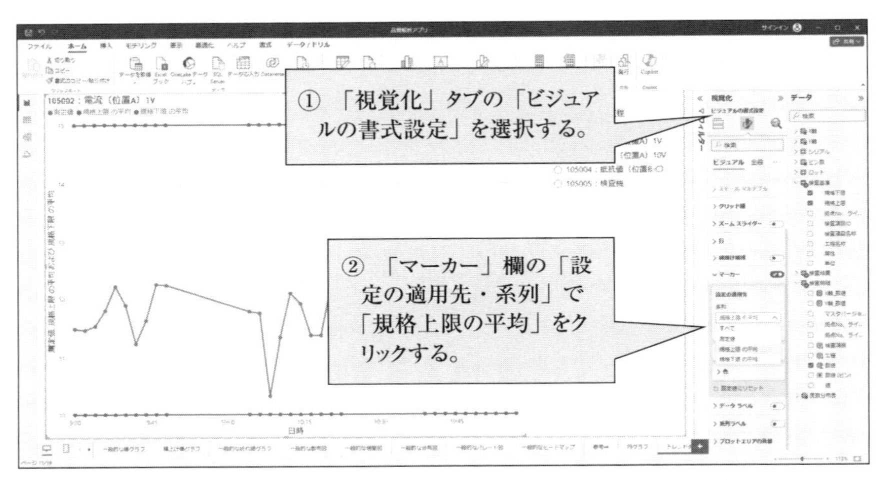

図 5.18　Step6：上下限値のマーカーを非表示に（その 1）

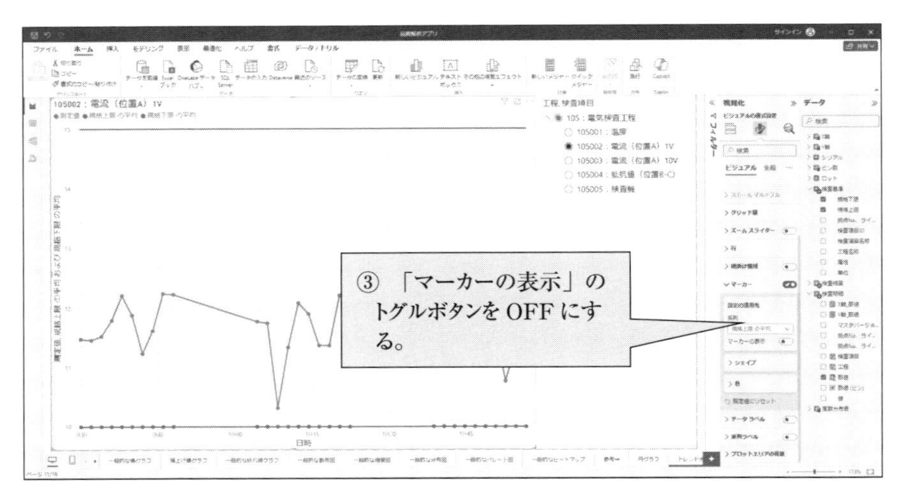

図 5.19　Step6：上下限値のマーカーを非表示に（その 2）

③ 「マーカーの表示」のトグルボタンをOFFにする。
④ 「マーカー」欄の「設定の適用先・系列」で「規格下限の平均」をクリックする。
⑤ 「マーカーの表示」のトグルボタンをOFFにする。

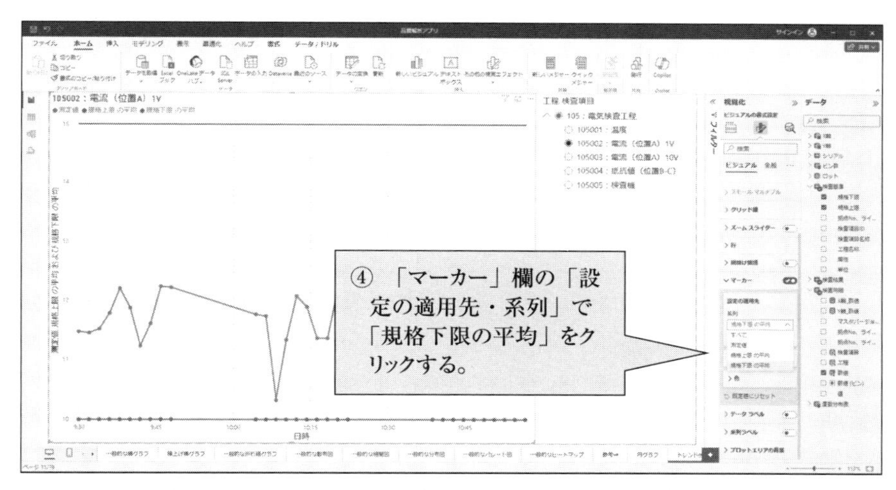

図 5.20　Step6：上下限値のマーカーを非表示に（その3）

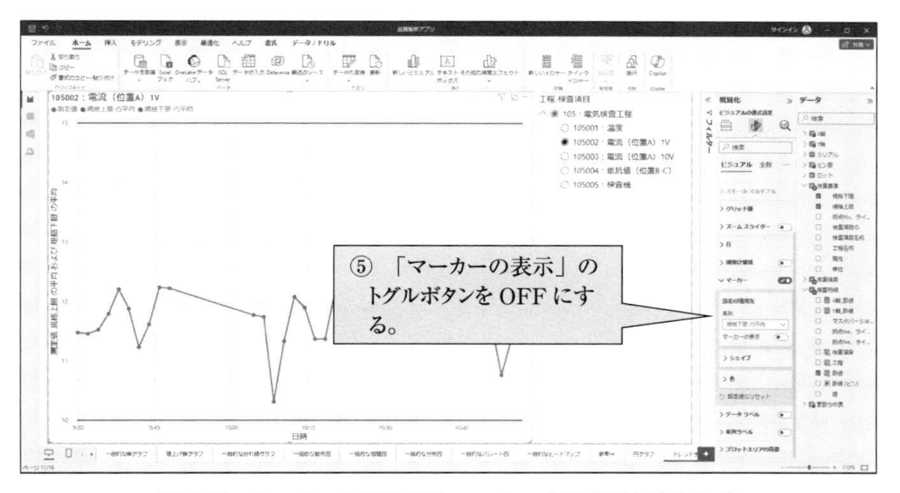

図 5.21　Step6：上下限値のマーカーを非表示に（その4）

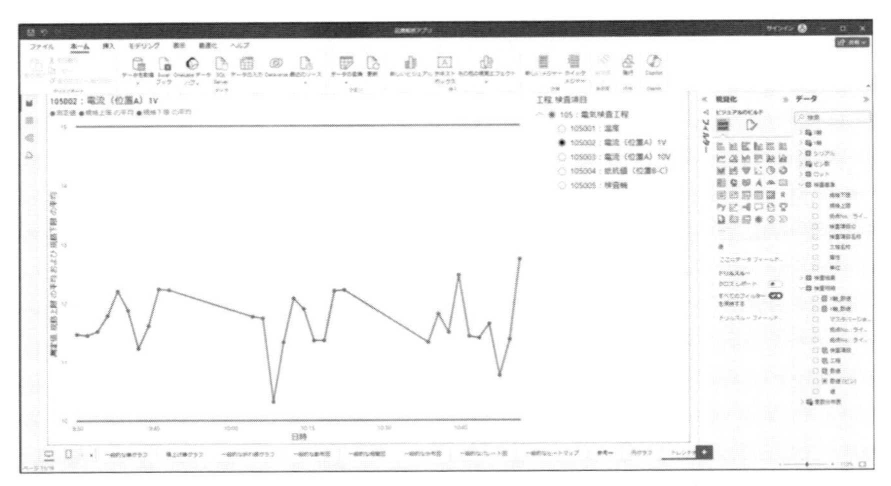

図 5.22　折れ線グラフに上下限値を設定したサンプル

5.4　散布図

散布図を使用する際に現在の測定値が基準値の管理幅に入っているかを見る必要があります。そして、層別した項目での色分け設定を行うとばらつきの原因を特定しやすくなります。

そのため、次の設定が必要になります。

① 上下限値設定

② 色分け設定

ここでは「上下限値設定」と「色分け設定」の設定方法について説明します。

5.4.1　上下限値設定

上下限値の設定は次の Step で実施します。

Step1　「視覚化」タブから「折れ線グラフ」を選択する。

Step2　横軸に設定したい項目を「データ」タブから “X 軸” にドラッグアンドドロップする。

Step3　上限値に設定したい項目を「データ」タブから “Y 軸” にドラッグアンドドロップする。

Step4 上限値の集計方法を設定する。

Step5 下限値に設定したい項目を「データ」タブから“Y 軸”にドラッグアンドドロップする。

Step6 下限値の集計方法を設定する。

Step7 上下限値のグラフの色を設定する。

Step8 マーカーを表示する。

Step9 グラフの実線を削除する。

Step10 スライサーを設定する。

では Step ごとに具体的に説明します。

(1) Step1：「視覚化」タブから「折れ線グラフ」を選択する（図 5.23）

① 「散布図」を選択する。

② 「視覚化」タブの「折れ線グラフ」をクリックする。

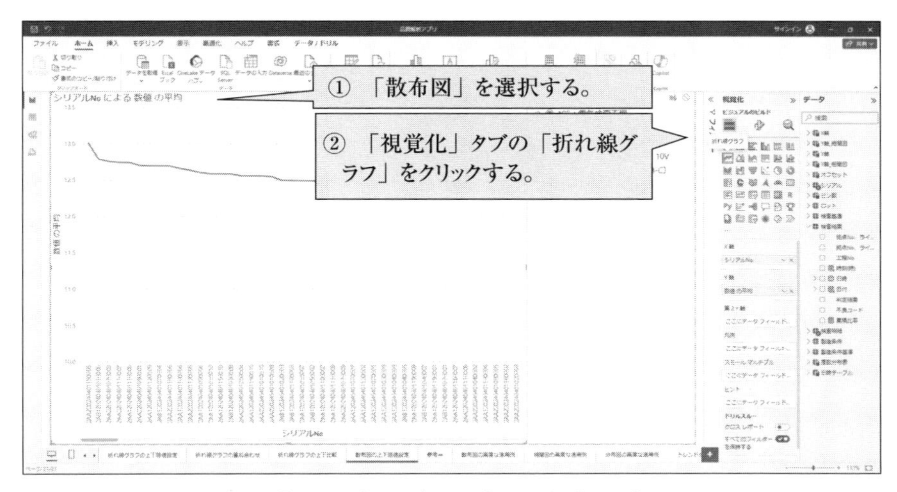

図 5.23 「視覚化」タブから「折れ線グラフ」を選択

(2) Step2：横軸に設定したい項目を「データ」タブから“X 軸”にドラッグアンドドロップする（図 5.24 〜図 5.26）

① “X 軸”の「シリアル No」を削除する。

② テーブル「検査結果」をクリックして、項目一覧を表示する。

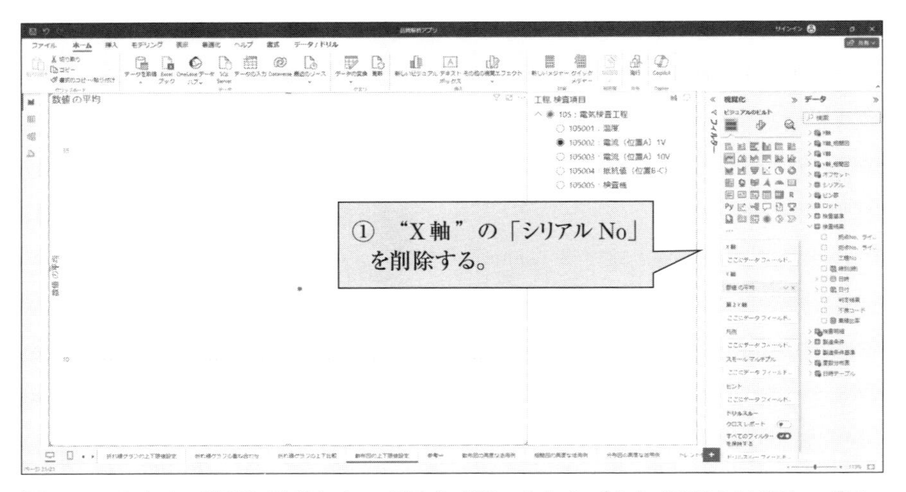

図5.24　Step2：横軸に設定したい項目を「データ」タブから“X軸”にドラッグアンドドロップ(その1)

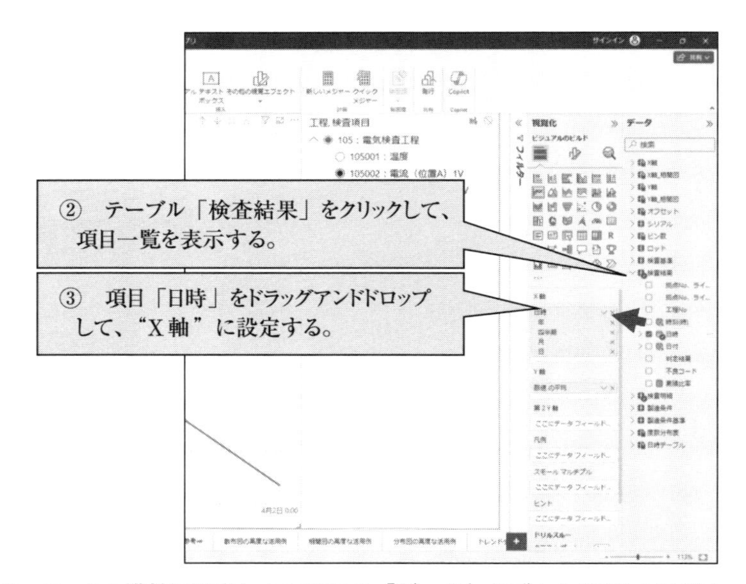

図5.25　Step2：横軸に設定したい項目を「データ」タブから“X軸”にドラッグアンドドロップ(その2)

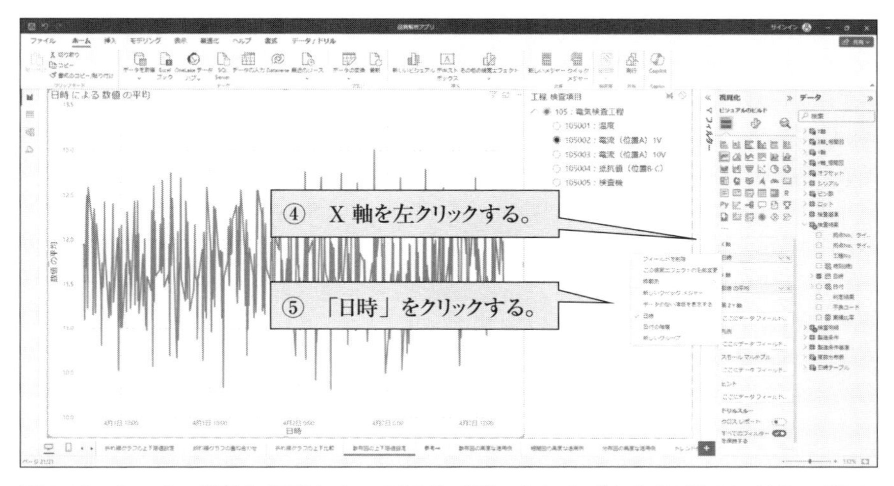

図 5.26　Step2：横軸に設定したい項目を「データ」タブから “X 軸 ” にドラッグアンドドロップ（その 3）

③　項目「日時」をドラッグアンドドロップして、“X 軸” に設定する。
④　X 軸を左クリックする。
⑤　「日時」をクリックする。

(3)　Step3：上限値に設定したい項目を「データ」タブから “Y 軸 ” にドラッグアンドドロップする（図 5.27）

①　項目「規格上限」をドラッグアンドドロップして、“Y 軸” に設定する。

(4)　Step4：上限値の集計方法を設定する（図 5.28）

①　追加した Y 軸の「規格上限」を左クリックする。
②　「平均」をクリックする。

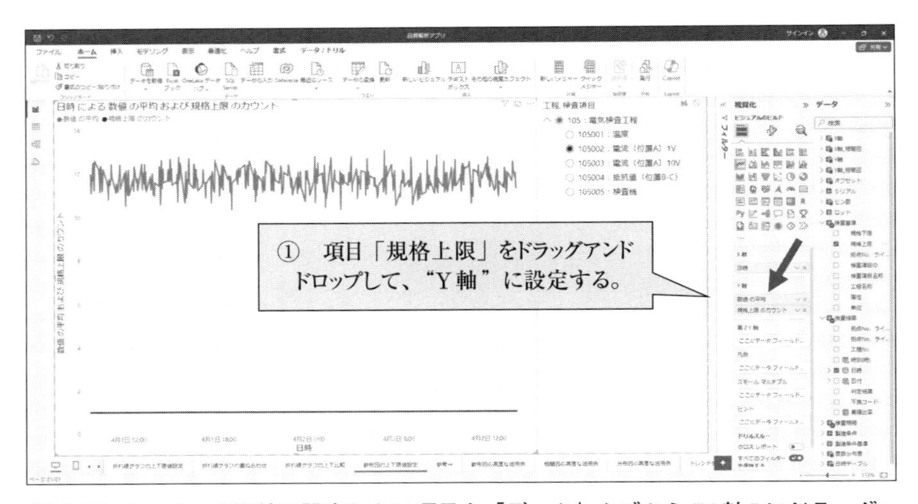

図 5.27　Step3：上限値に設定したい項目を「データ」タブから“Y 軸”にドラッグアンドドロップ

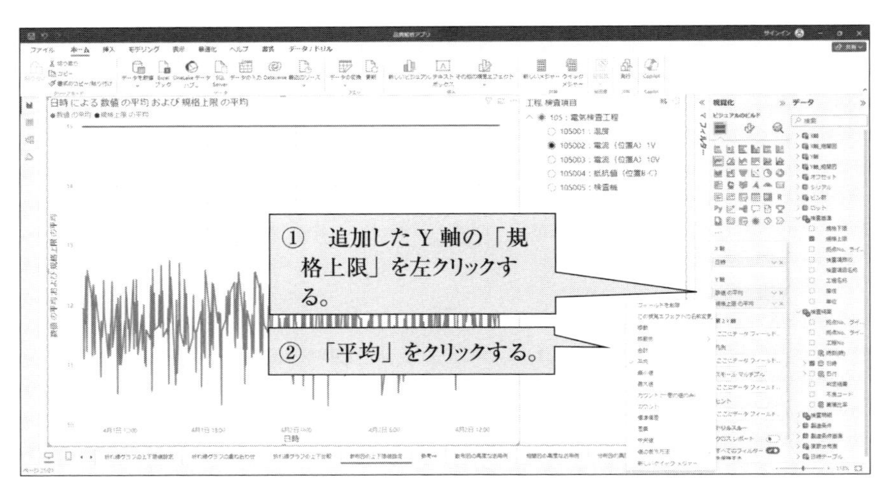

図 5.28　Step4：上限値の集計方法を設定

(5)　Step5：下限値に設定したい項目を「データ」タブから“Y 軸”にドラッグアンドドロップする (図 5.29)

① 項目「規格下限」をドラッグアンドドロップして、“Y 軸”に設定する。

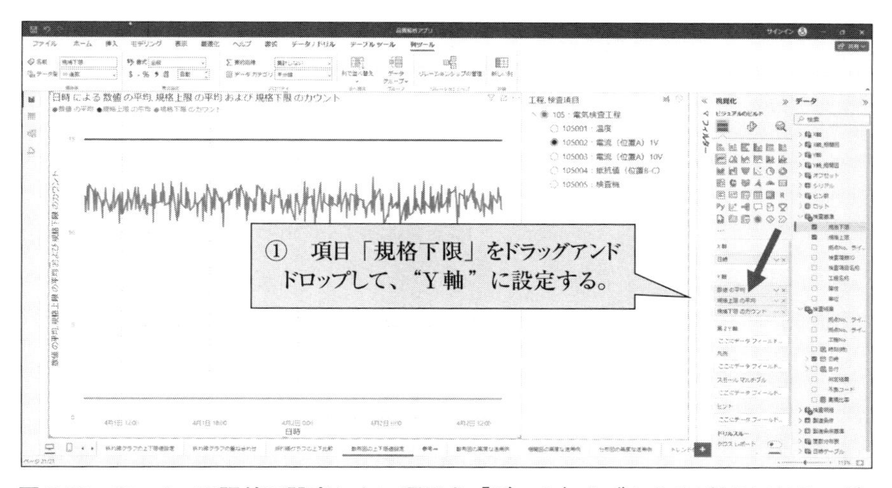

図 5.29　Step5：下限値に設定したい項目を「データ」タブから “Y 軸 ” にドラッグアンドドロップ

(6)　Step6：下限値の集計方法を設定する（図 5.30）

① 追加した Y 軸の「規格下限」を左クリックする。

② 「平均」をクリックする。

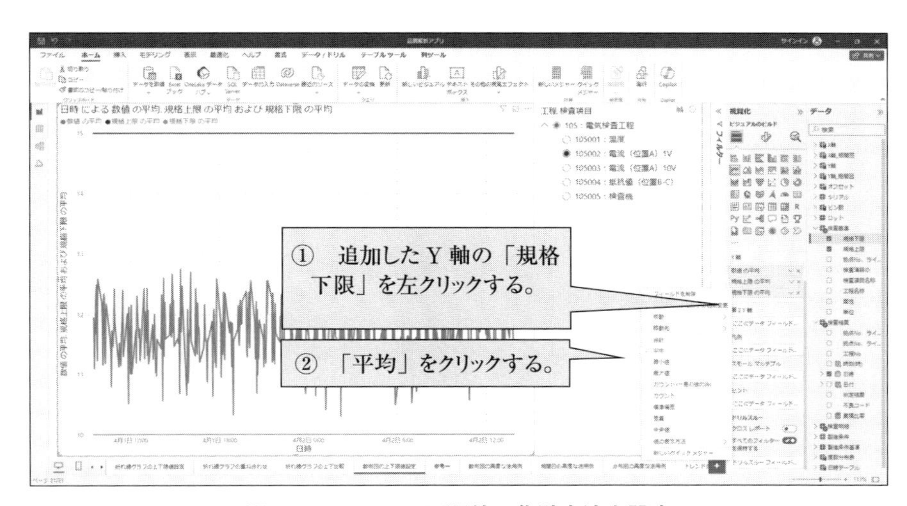

図 5.30　Step6：下限値の集計方法を設定

(7)　Step7：上下限値のグラフの色を設定する（図 5.31 ～図 5.34）

①「視覚化」タブの「ビジュアルの書式設定」を選択する。

②「行」欄の「設定の適用先・系列」で「規格上限の平均」をクリックする。

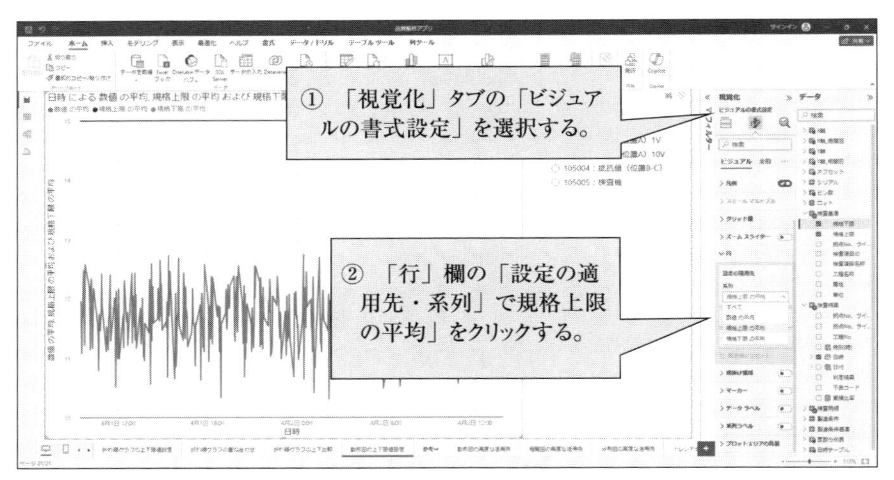

図 5.31　Step7：上下限値のグラフの色を設定（その 1）

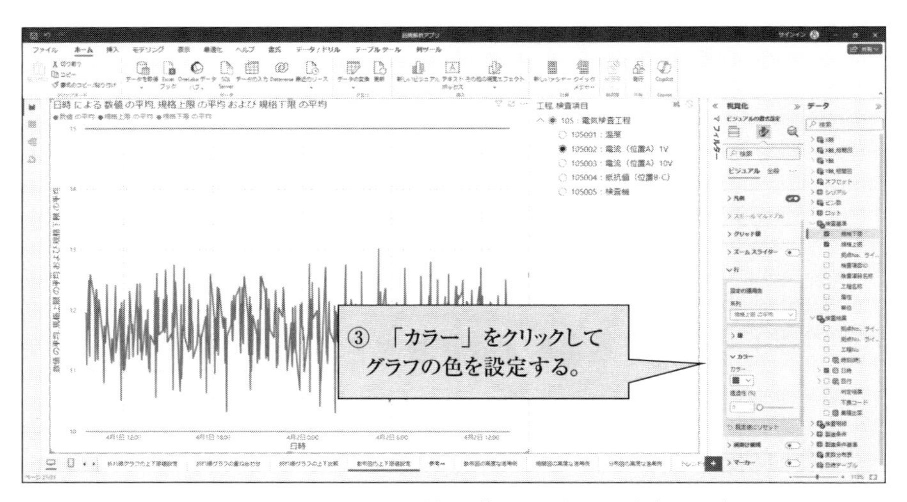

図 5.32　Step7：上下限値のグラフの色を設定（その 2）

③「カラー」をクリックしてグラフの色を設定する。

④「行」欄の「設定の適用先・系列」で「規格下限の平均」をクリックする。

⑤「カラー」をクリックしてグラフの色を設定する。

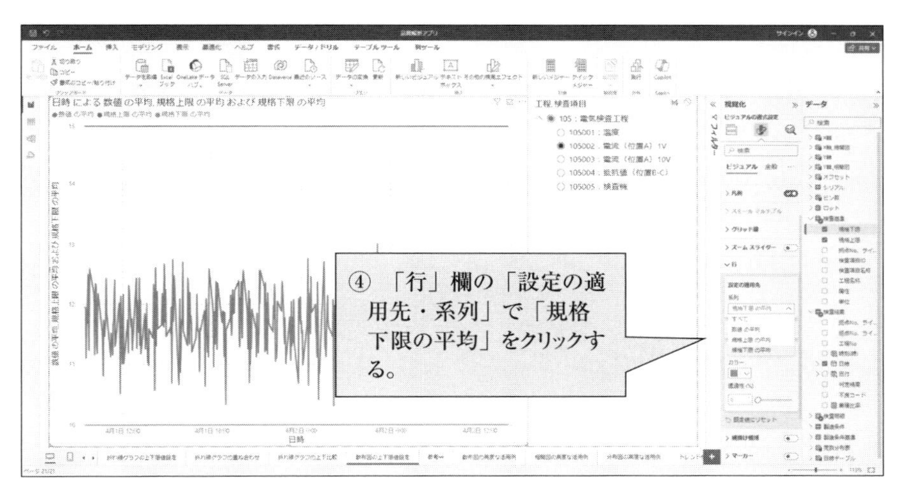

図 5.33　Step7：上下限値のグラフの色を設定（その 3）

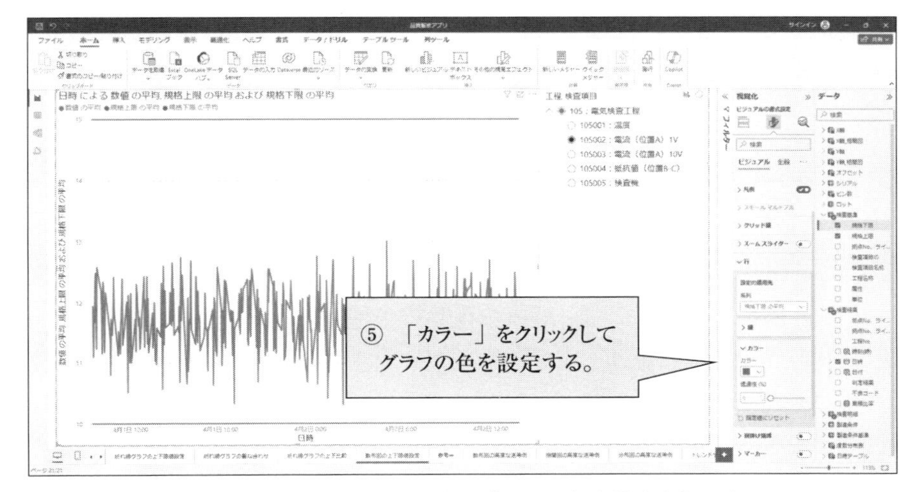

図 5.34　Step7：上下限値のグラフの色を設定（その 4）

(8)　Step8：マーカーを表示する(図5.35～図5.39)

① 「視覚化」タブの「ビジュアルの書式設定」を選択する。

② 「マーカー」のトグルボタンをONにする。

③ 「マーカー」欄の「設定の適用先・系列」で「規格上限の平均」をクリックする。

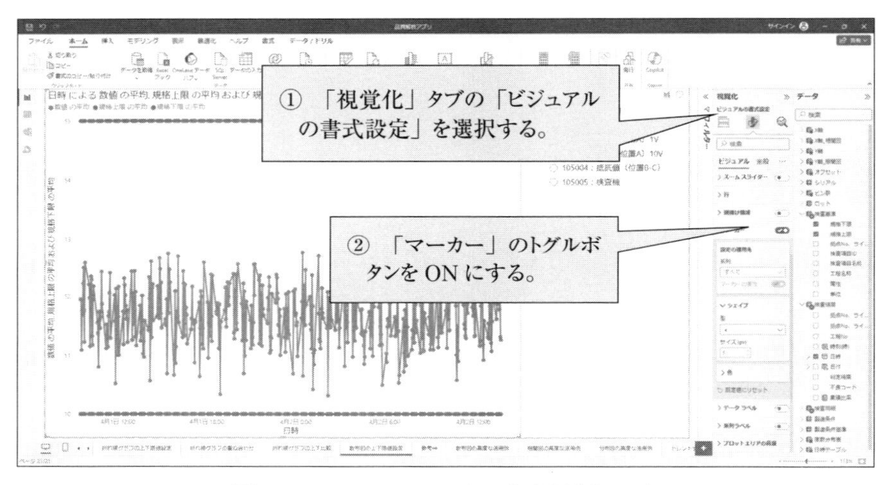

図5.35　Step8：マーカーを表示(その1)

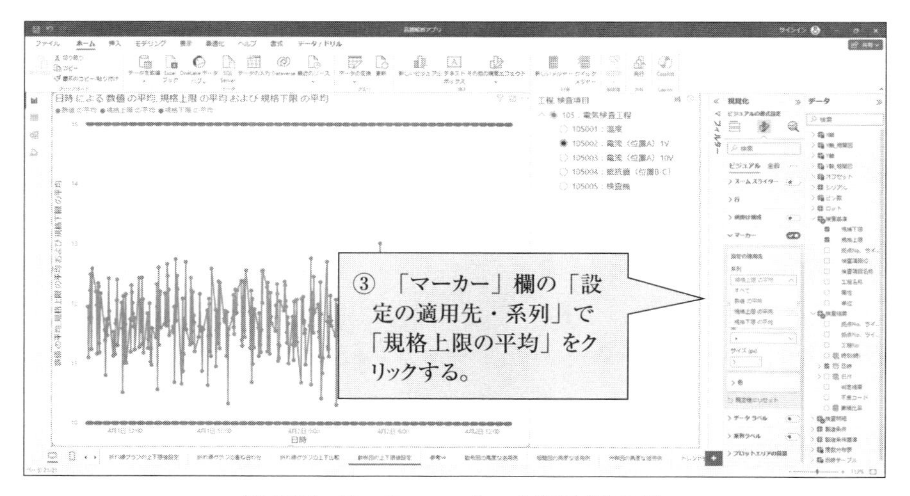

図5.36　Step8：マーカーを表示(その2)

④「マーカーの表示」のトグルボタンを OFF にする。

⑤「マーカー」欄の「設定の適用先・系列」で「規格下限の平均」をクリックする。

⑥「マーカーの表示」のトグルボタンを OFF にする。

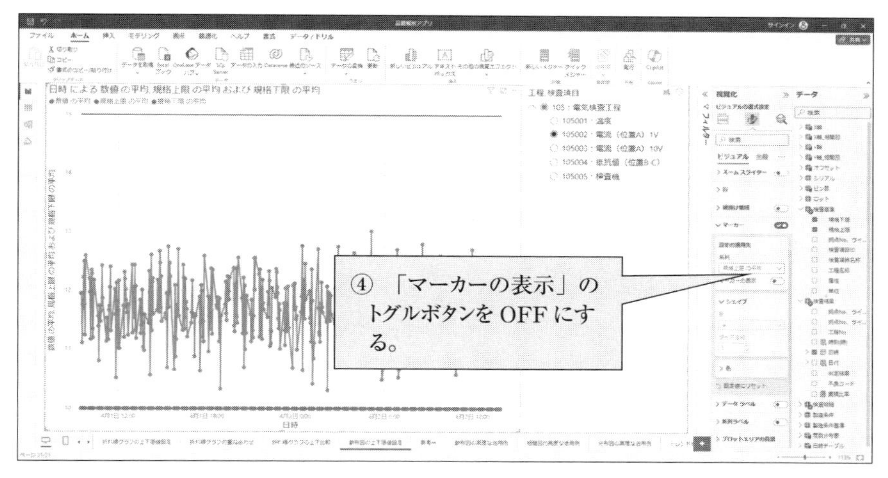

図 5.37　Step8：マーカーを表示（その 3）

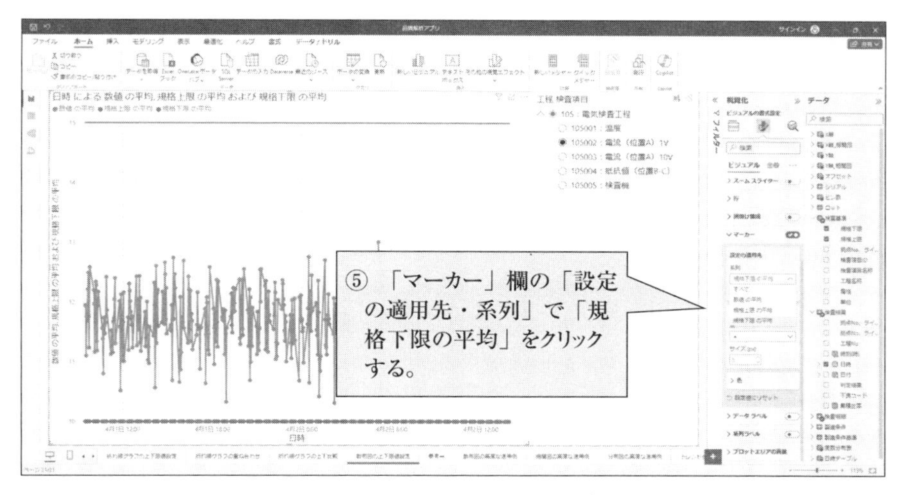

図 5.38　Step8：マーカーを表示（その 4）

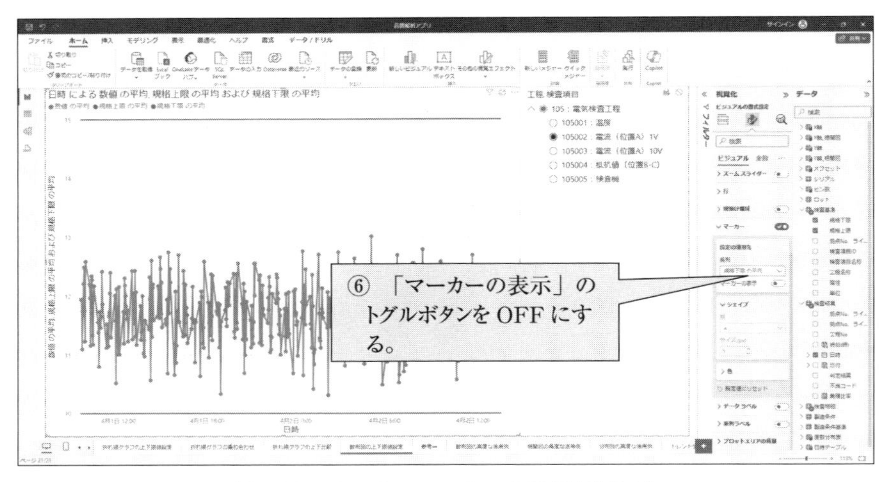

図 5.39　Step8：マーカーを表示（その 5）

(9)　Step9：グラフの実線を削除する（図 5.40、図 5.41）

①「行」欄の「設定の適用先・系列」で「数値の平均」をクリックする。

②「幅（px）」に「0」を入力する。

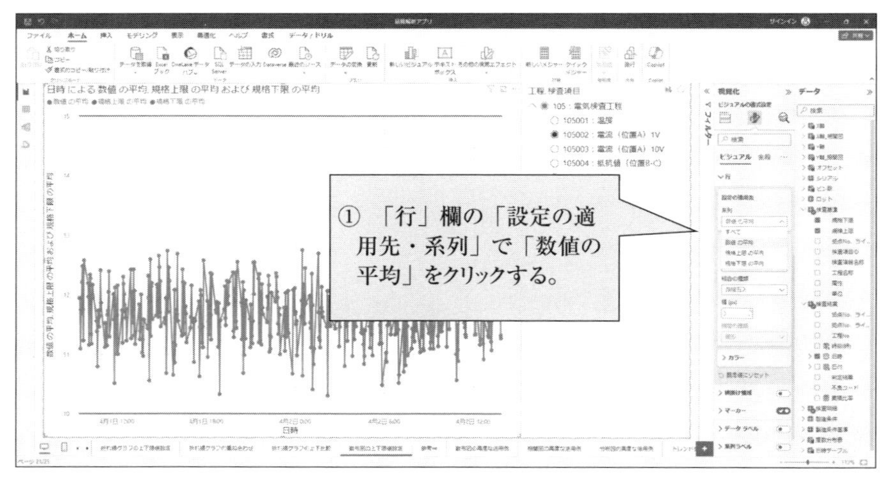

図 5.40　グラフの実線を削除（その 1）

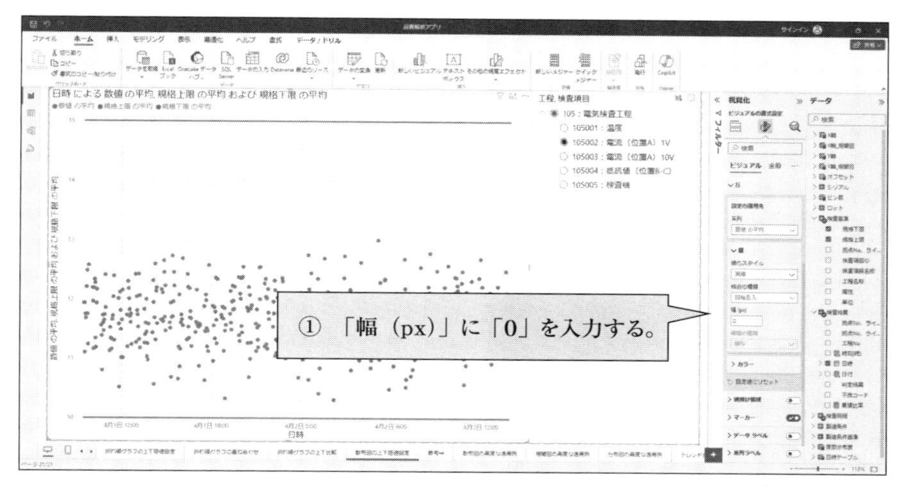

図 5.41　グラフの実線を削除(その 2)

(10)　Step10：スライサーを設定する(図 5.42、図 5.43)

①　「105001：温度」を選択する。

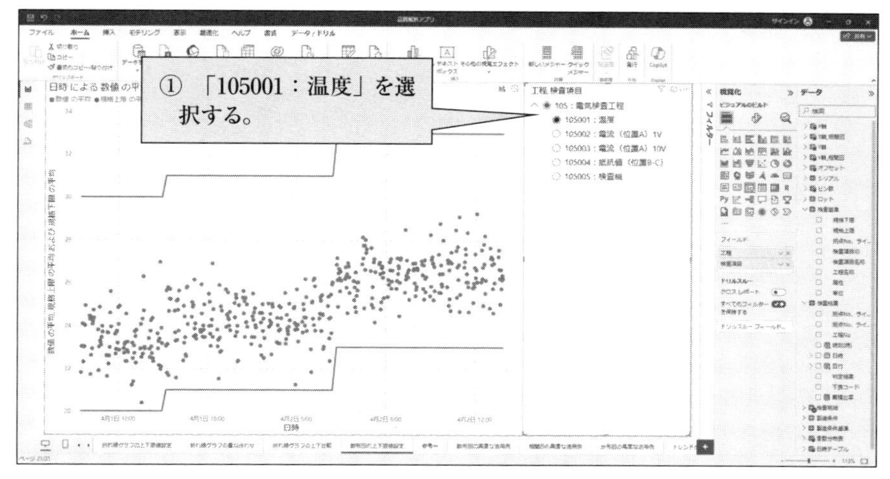

図 5.42　Step10：スライサーを設定

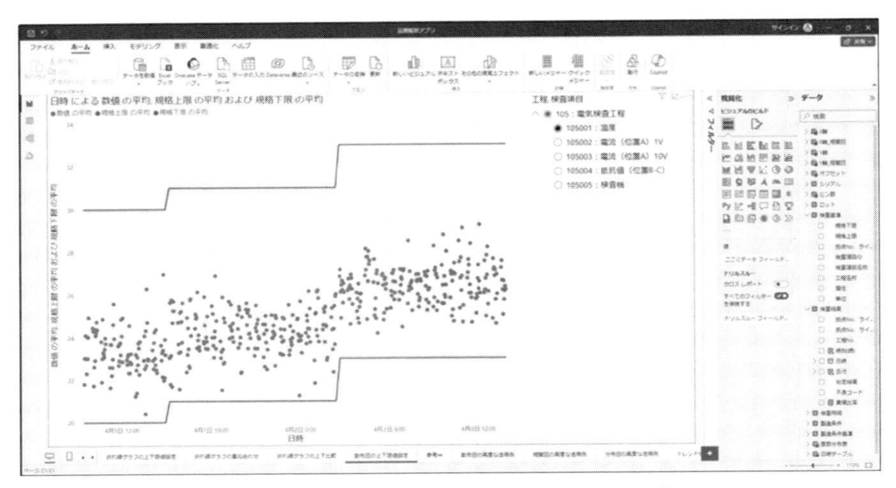

図 5.43　散布図に上下限値設定をしたサンプル

5.4.2　色分け設定

色分けの設定は次の Step で実施します。

Step1　色分けしたい項目を「データ」タブから“凡例”にドラッグアンドドロップする。

Step2　色分け設定を行う。

では Step ごとに具体的に説明します。

(1)　Step1：色分けしたい項目を「データ」タブから“凡例”にドラッグアンドドロップする(図 5.44)

①　項目「ロット No」をドラッグアンドドロップして、“凡例”に設定する。

(2)　Step2：色分け設定を行う(図 5.45、図 5.46)

①　「視覚化」タブの「ビジュアルの書式設定」を選択する。

②　「マーカー」欄の「カラー」で色分け設定を行う。

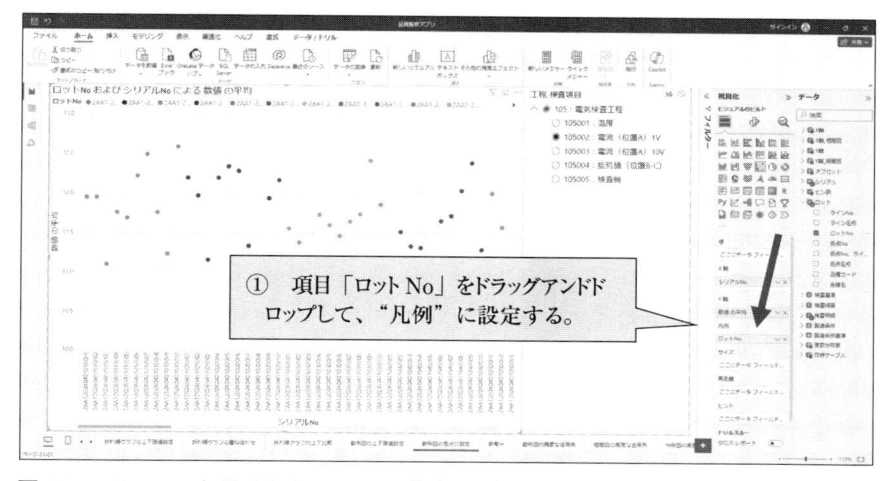

図 5.44　Step1：色分けしたい項目を「データ」タブから“凡例”にドラッグアンドドロップ

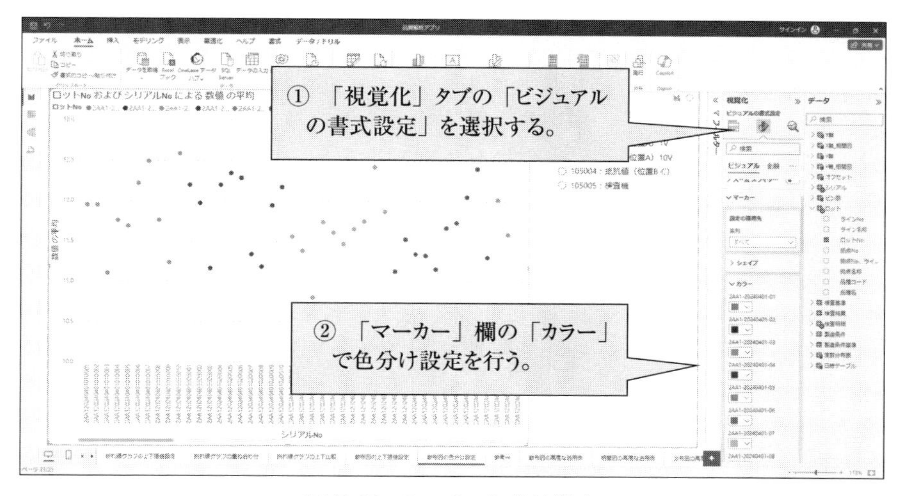

図 5.45　Step2：色分け設定

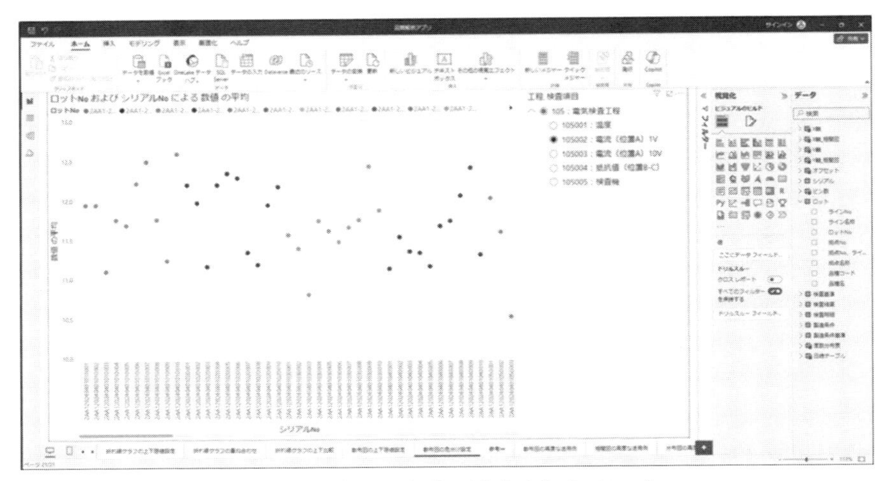

図 5.46　散布図に色分け設定をしたサンプル

5.5　相関図

相関図を使用する際に現在の測定値が基準値の管理幅に入っているかを見る必要があります。そして、層別した項目での色分け設定を行うとばらつきの原因を特定しやすくなります。近似線を引くことにより、相関の傾向も把握できます。これらのニーズが発生します。

そのため、次の設定が必要になります。

①　上下限値設定

②　色分け設定

③　近似線

ここでは「上下限値設定」と「色分け設定」「近似線」の設定方法について説明します。

5.5.1　上下限値設定

上下限値の設定は次の Step で実施します。

Step1　X 軸の上限値を設定する。

Step2　X 軸の下限値を設定する。

Step3　Y 軸の上限値を設定する。

Step4　Y 軸の下限値を設定する。

では Step ごとに具体的に説明します。

(1) Step1：X 軸の上限値を設定する（図 5.47 ～図 5.49）

① 「視覚化」タブの「分析」を選択する。

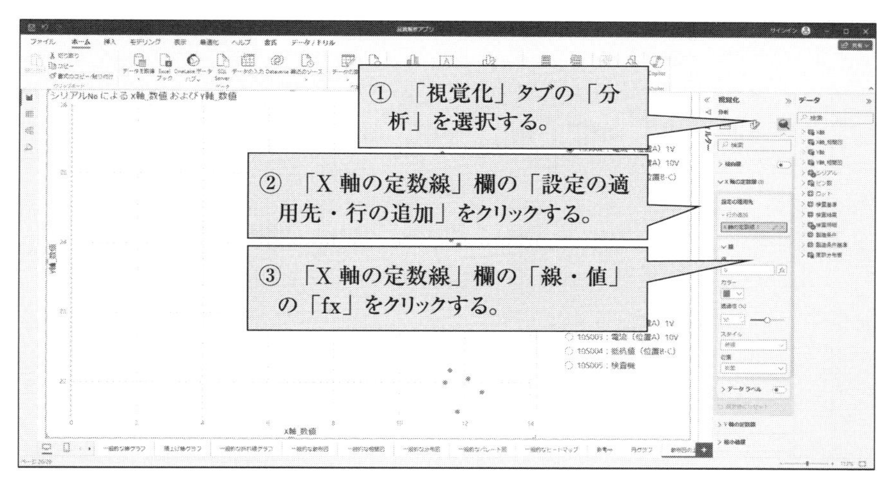

図 5.47　Step1：X 軸の上限値を設定（その 1）

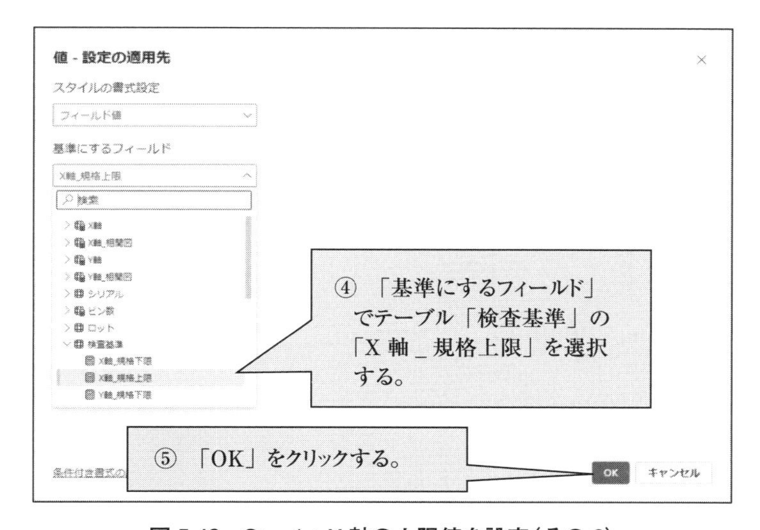

図 5.48　Step1：X 軸の上限値を設定（その 2）

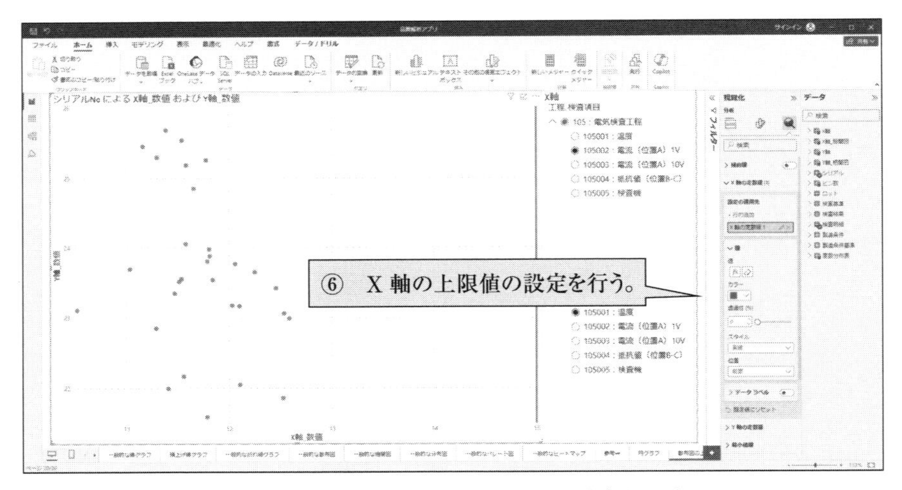

図 5.49　Step1：X 軸の上限値を設定（その 3）

② 「X 軸の定数線」欄の「設定の適用先・行の追加」をクリックする。
③ 「X 軸の定数線」欄の「線・値」の「fx」をクリックする。
④ 「基準にするフィールド」でテーブル「検査基準」の「X 軸 _ 規格上限」を選択する。
⑤ 「OK」をクリックする。
⑥ X 軸の上限値の設定を行う。

(2) Step2：X 軸の下限値を設定する（図 5.50 ～図 5.52）

① 「視覚化」タブの「分析」を選択する。
② 「X 軸の定数線」欄の「設定の適用先・行の追加」をクリックする。
③ 「X 軸の定数線」欄の「線・値」の「fx」をクリックする。
④ 「基準にするフィールド」でテーブル「検査基準」の「X 軸 _ 規格下限」を選択する。
⑤ 「OK」をクリックする。
⑥ X 軸の下限値の設定を行う。

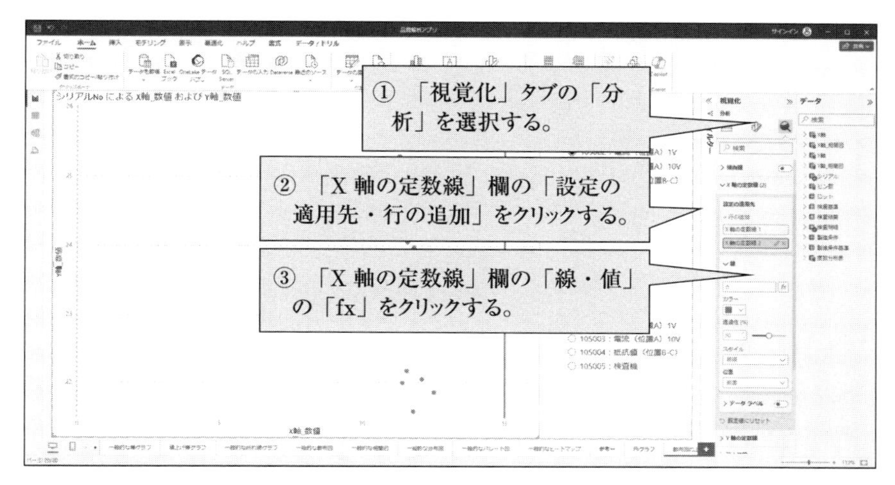

図 5.50　Step2：X 軸の下限値を設定（その 1）

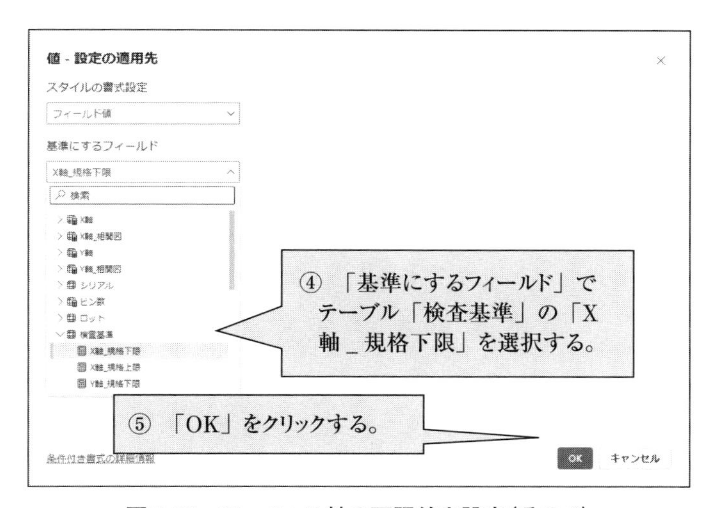

図 5.51　Step2：X 軸の下限値を設定（その 2）

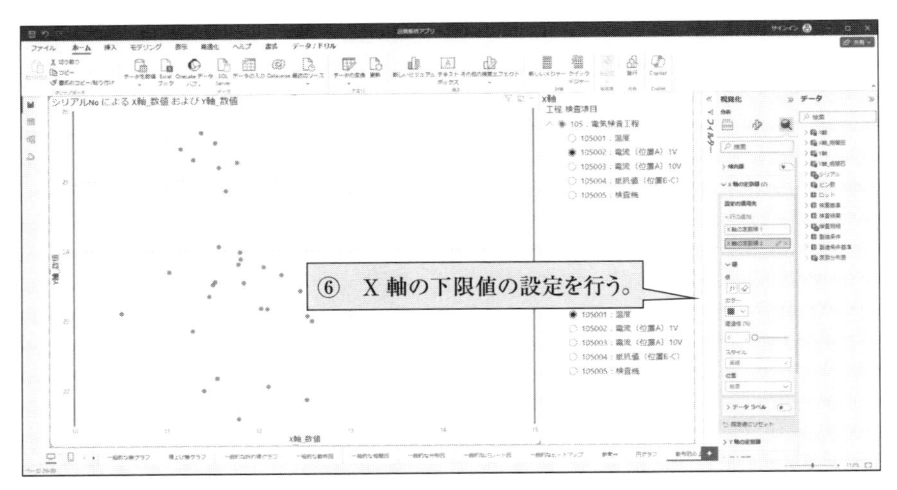

図 5.52　Step2：X 軸の下限値を設定（その 3）

(3)　Step3：Y 軸の上限値を設定する（図 5.53 ～図 5.55）

①　「視覚化」タブの「分析」を選択する。

②　「Y 軸の定数線」欄の「設定の適用先・行の追加」をクリックする。

③　「Y 軸の定数線」欄の「線・値」の「fx」をクリックする。

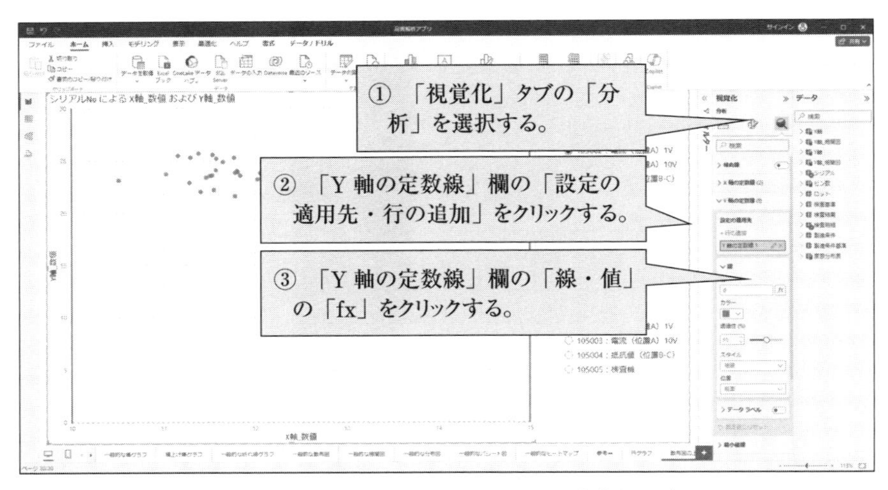

図 5.53　Step3：Y 軸の上限値を設定（その 1）

④「基準にするフィールド」でテーブル「検査基準」の「Y 軸 _ 規格上限」を選択する。

⑤「OK」をクリックする。

⑥ Y 軸の上限値の設定を行う。

図 5.54　Step3：Y 軸の上限値を設定(その 2)

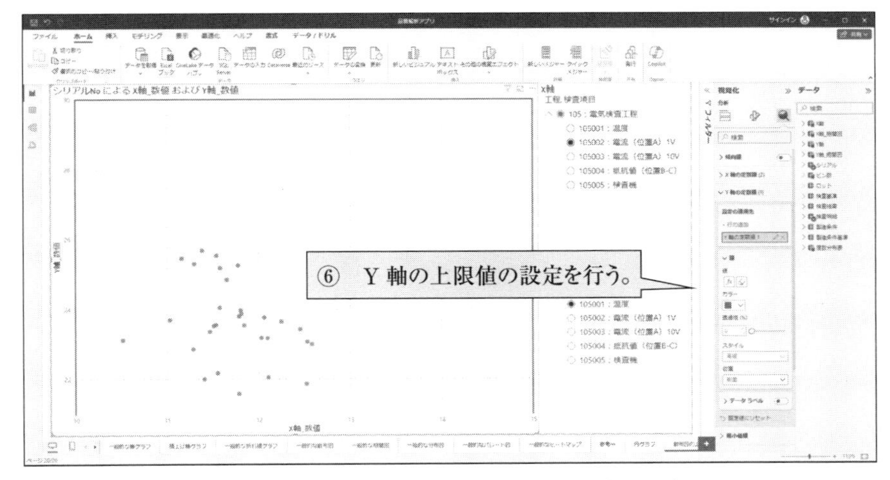

図 5.55　Step3：Y 軸の上限値を設定(その 3)

(4)　Step4：Y軸の下限値を設定する(図5.56～図5.59)

① 「視覚化」タブの「分析」を選択する。
② 「Y軸の定数線」欄の「設定の適用先・行の追加」をクリックする。
③ 「Y軸の定数線」欄の「線・値」の「fx」をクリックする。
④ 「基準にするフィールド」でテーブル「検査基準」の「Y軸_規格下限」

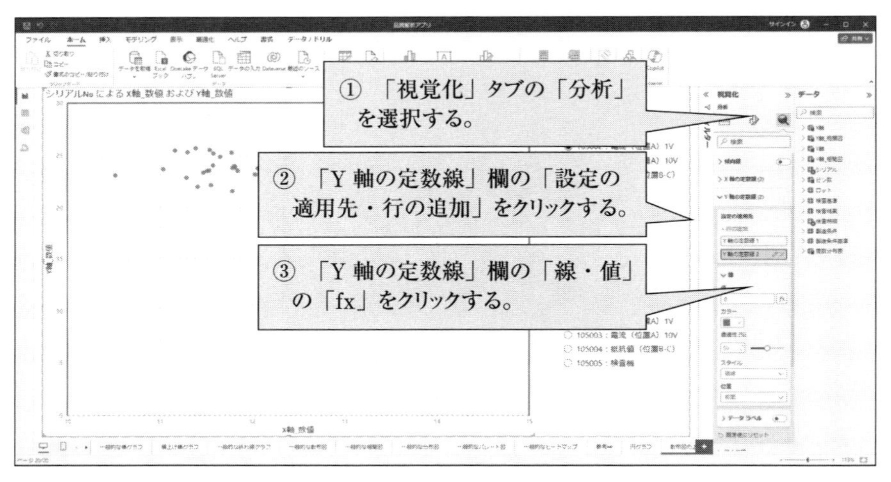

図5.56　Step4：Y軸の下限値を設定(その1)

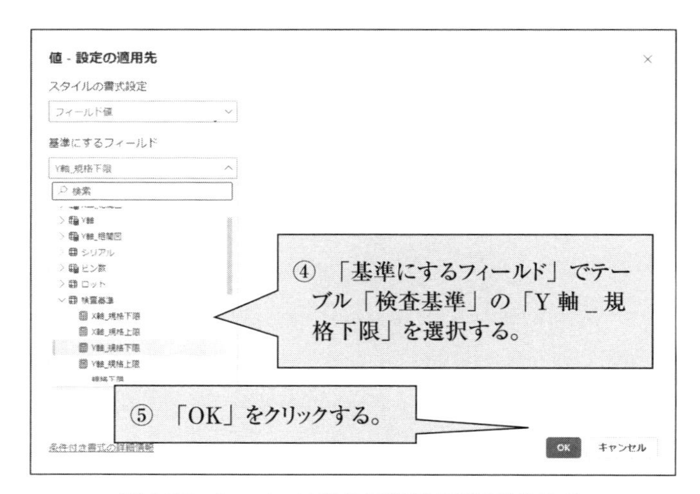

図5.57　Step4：Y軸の下限値を設定(その2)

を選択する。

⑤　「OK」をクリックする。

⑥　Y 軸の下限値の設定を行う。

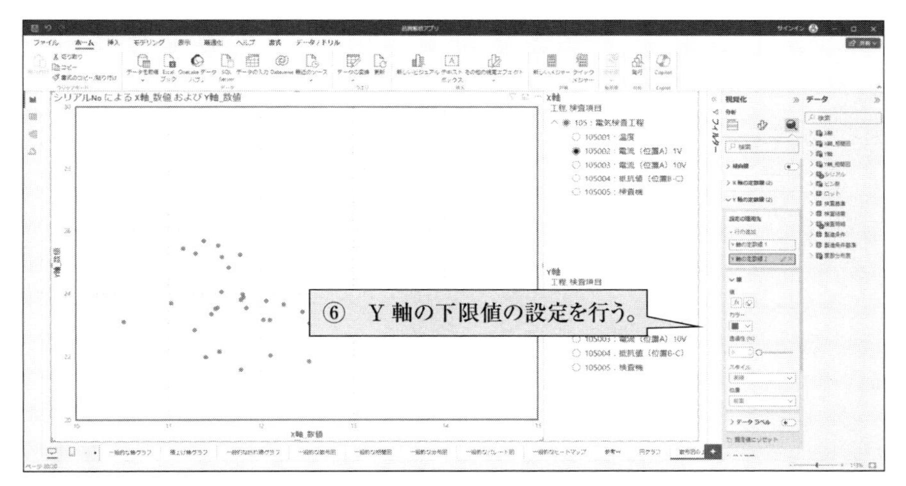

図 5.58　Step4：Y 軸の下限値を設定（その 3）

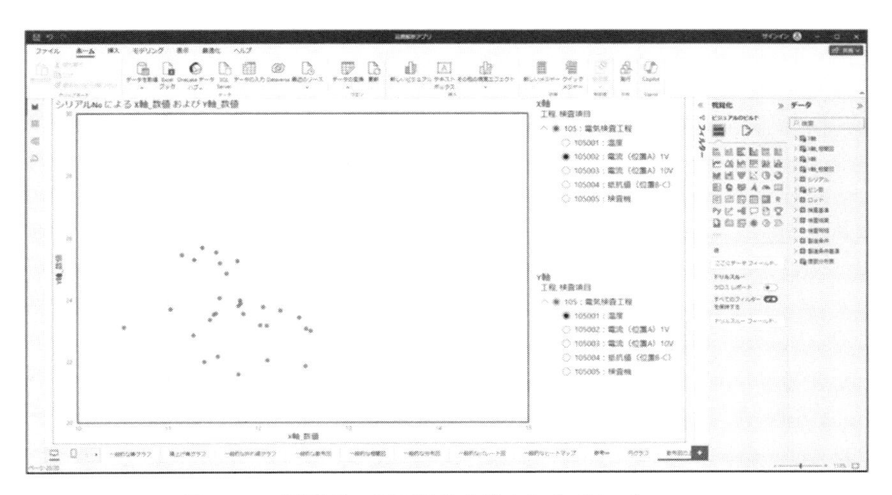

図 5.59　相関図に上下限値を設定したサンプル

5.5.2　色分け設定

色分けの設定は次の Step で実施します。

Step1　色分けしたい項目を「データ」タブから“凡例”にドラッグアンドドロップする。

Step2　色分け設定を行う。

では Step ごとに具体的に説明します。

(1)　Step1：色分けしたい項目を「データ」タブから“凡例”にドラッグアンドドロップする（図 5.60）

①　項目「品種コード」をドラッグアンドドロップして、“凡例”に設定する。

(2)　Step2：色分け設定を行う（図 5.61、図 5.62）

①「視覚化」タブの「ビジュアルの書式設定」を選択する。

②「マーカー」欄の「カラー」で色分け設定を行う。

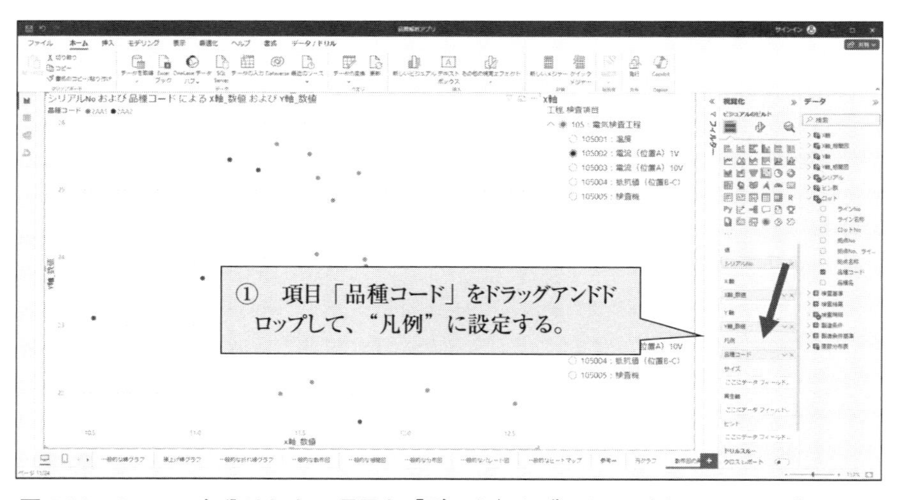

図 5.60　Step1：色分けしたい項目を「データ」タブから“凡例”にドラッグアンドドロップ

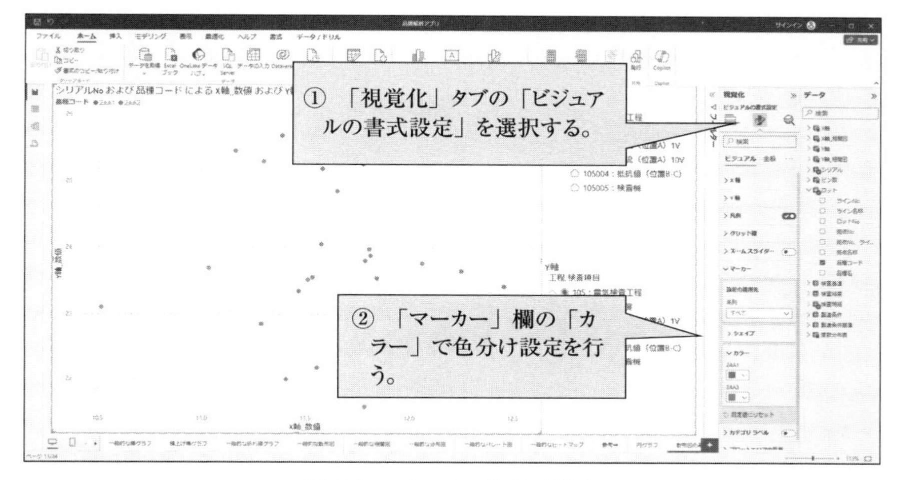

図 5.61　Step2：色分け設定

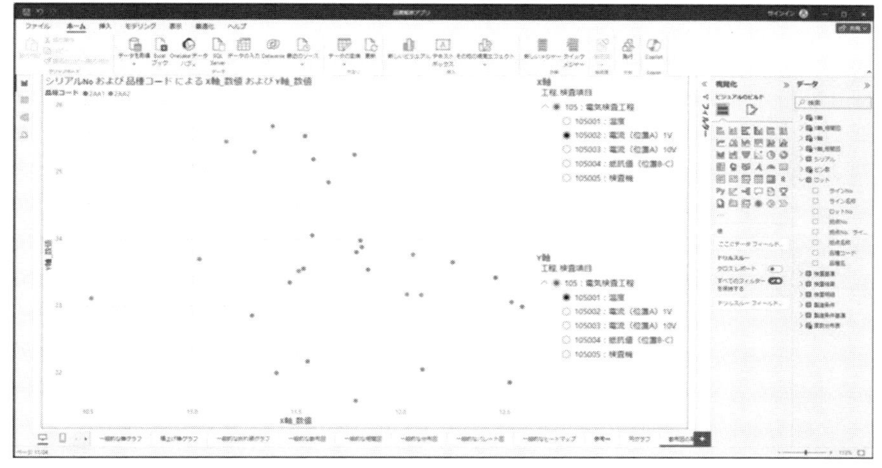

図 5.62　相関図に色分け設定をしたサンプル

5.5.3　近似線設定

近似線の設定は次の Step で実施します。

Step1　近似線を作成する。

Step2　近似線の設定を行う。

では Step ごとに具体的に説明します。

(1)　Step1：近似線を作成する（図 5.63）

①「視覚化」タブの「分析」を選択する。

②「傾向線」欄のトグルボタンを ON にする。

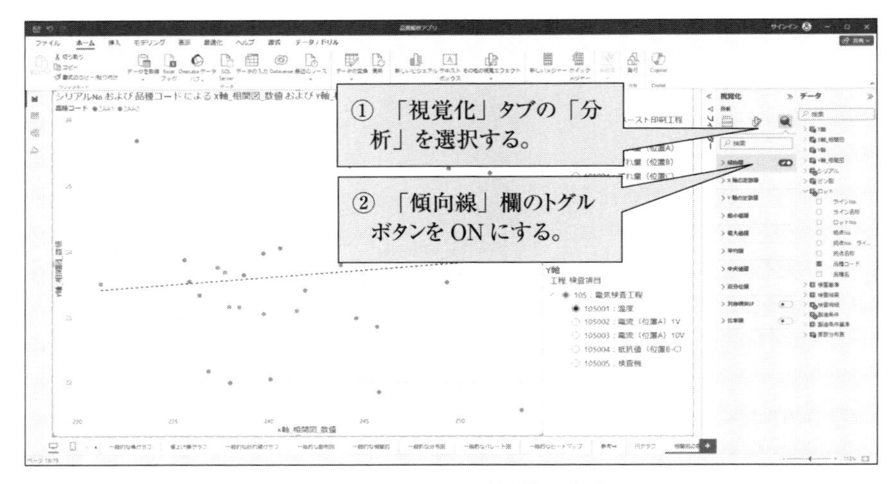

図 5.63　Step1：近似線を作成

(2)　Step2：近似線の設定を行う（図 5.64、図 5.65）

①「傾向線」欄で近似線の設定を行う。

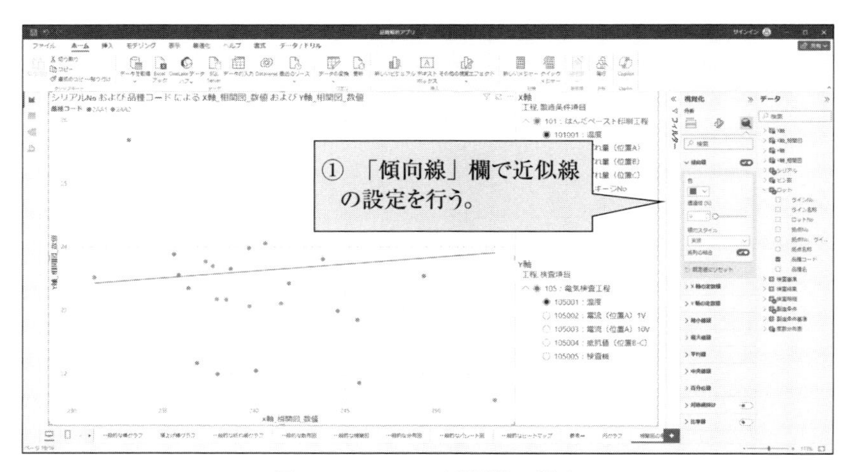

図 5.64　Step2：近似線の設定

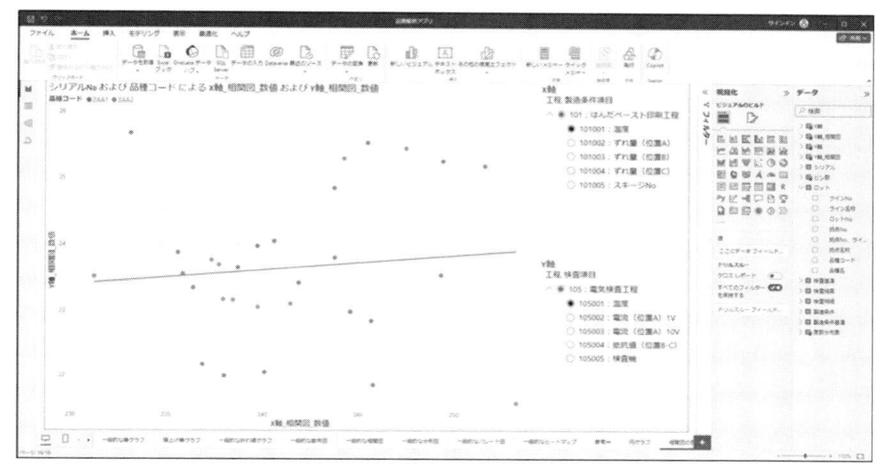

図 5.65　相関図に近似線を設定したサンプル

5.6　分布図

分布図を使用する際に現在の層別した項目での色分け設定を行うとばらつきの原因を特定しやすくなります。そして、現在のグラフの分布が正常かどうか複数グラフを比較したいニーズがあります。そのため、次の設定が必要になります。

①　色分け設定

②　複数グラフ比較

ここでは「色分け設定」「複数グラフ比較」の設定方法について説明します。

5.6.1　色分け設定

色分けの設定は次の Step で実施します。

Step1　分布図を「積み上げ棒グラフ」に変更する。

Step2　色分けしたい項目を「データ」タブから“凡例”にドラッグアンドドロップする。

Step3　色分け設定を行う。

では Step ごとに具体的に説明します。

(1)　Step1：分布図を「積み上げ棒グラフ」に変更する（図5.66）

①　分布図を選択し、「視覚化」タブの「積み上げ縦棒グラフ」をクリックする。

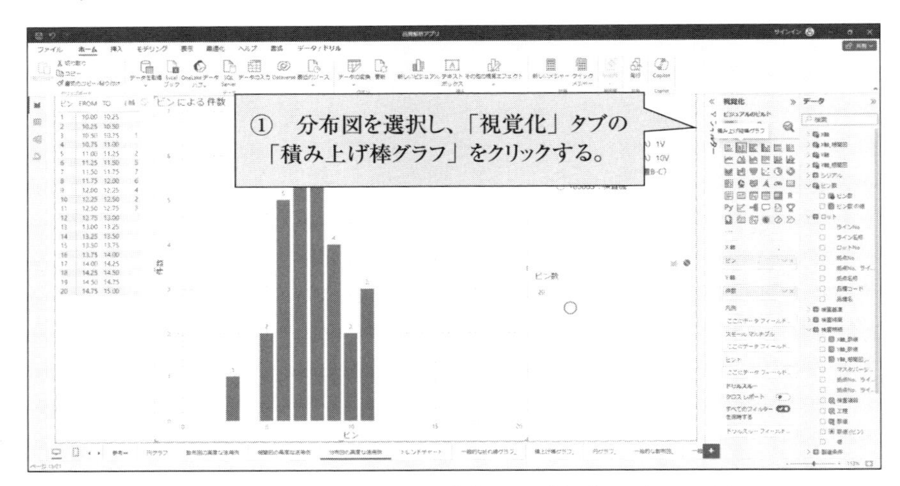

図5.66　Step1：分布図を「積み上げ棒グラフ」に変更

(2)　Step2：色分けしたい項目を「データ」タブから“凡例”にドラッグアンドドロップする（図5.67）

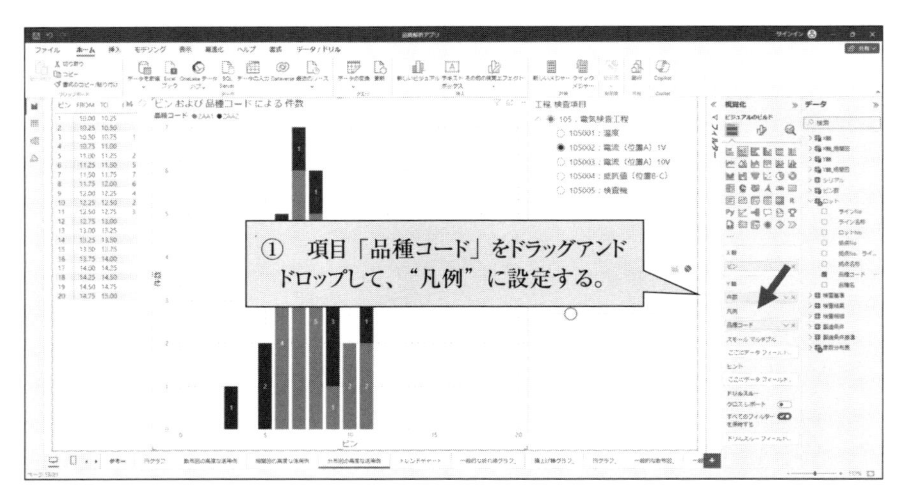

図5.67　Step2：色分けしたい項目を「データ」タブから“凡例”にドラッグアンドドロップ

① 項目「品種コード」をドラッグアンドドロップして、“凡例” に設定する。

(3) Step3：色分け設定を行う（図 5.68、図 5.69）

① 「視覚化」タブの「ビジュアルの書式設定」を選択する。

② 「列」欄で色分け設定を行う。

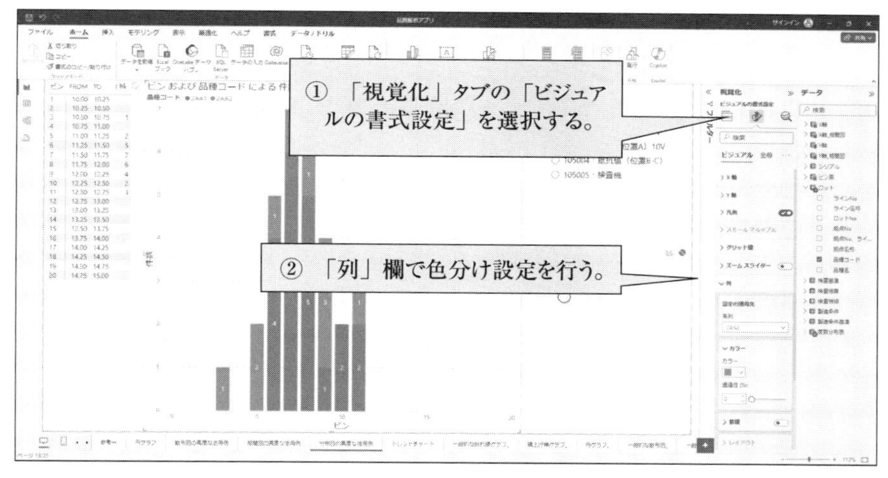

図 5.68　Step3：色分け設定

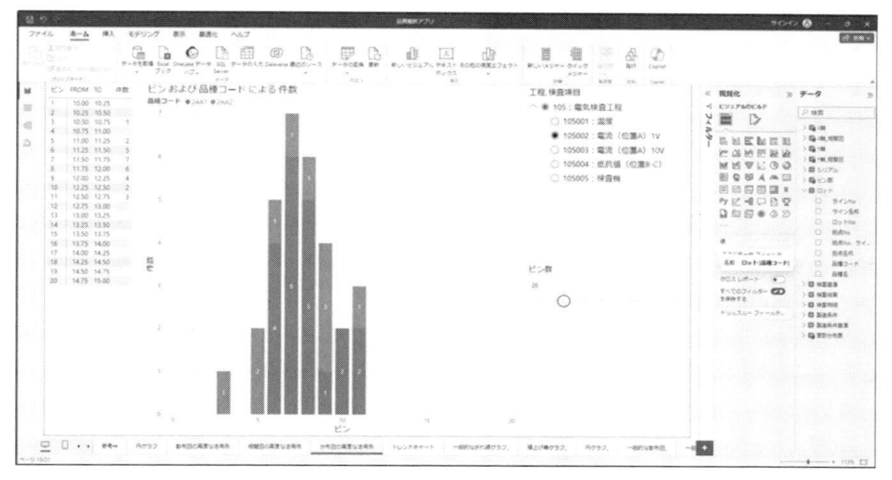

図 5.69　分布図に色分け設定をしたサンプル

5.6.2　複数グラフ比較

複数グラフ比較の設定は次のStepで実施します。

Step1　グラフを複製する。

Step2　「相互作用を編集」をクリックする。

Step3　グラフの相互作用を編集する。

Step4　絞り込み項目を選択する。

ではStepごとに具体的に説明します。

(1)　Step1：グラフを複製する（図5.70、図5.71）

① 「分布図」「度数分布表」「スライサー」を選択する。

② コピーアンドペーストでグラフを複製する。

③ グラフを移動し、レイアウトを整える。

(2)　Step2：「相互作用を編集」をクリックする（図5.72）

① 「書式」タブをクリックする。

② 「相互作用を編集」をクリックする。

③ 各グラフの右上に相互作用のアイコンが表示されることを確認する。

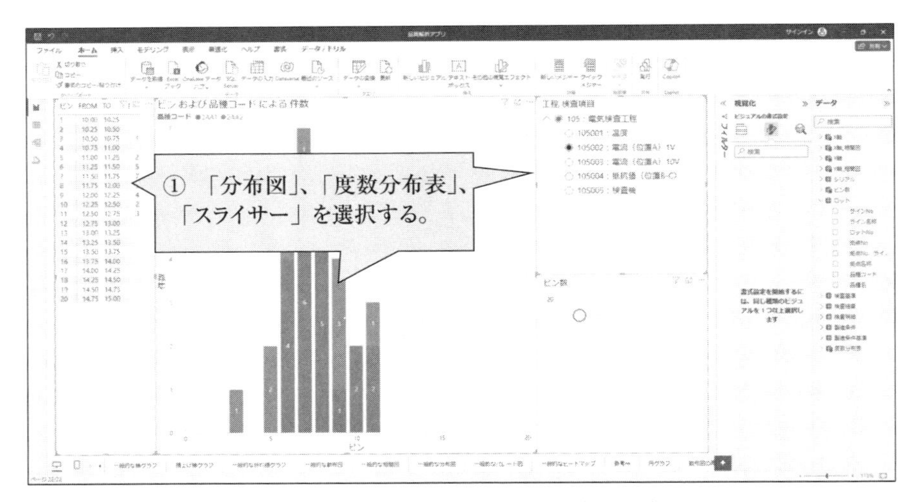

図5.70　Step1：グラフを複製（その1）

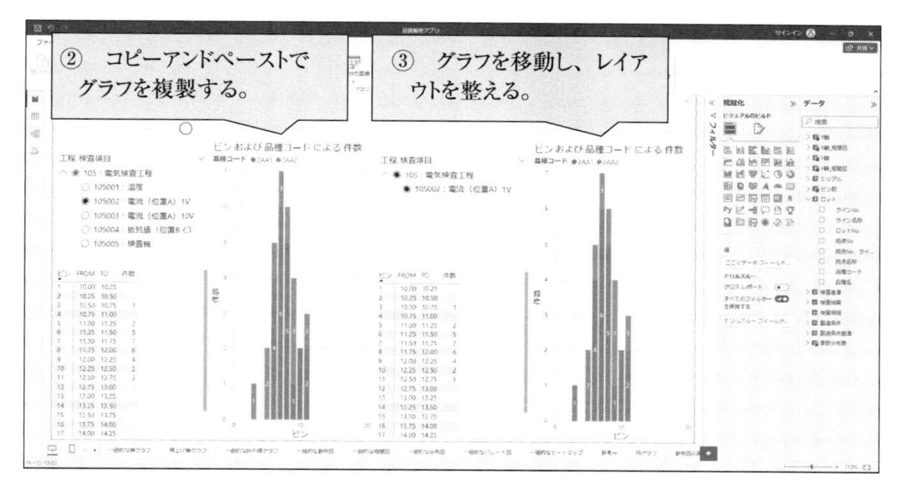

図 5.71　Step1：グラフを複製(その 2)

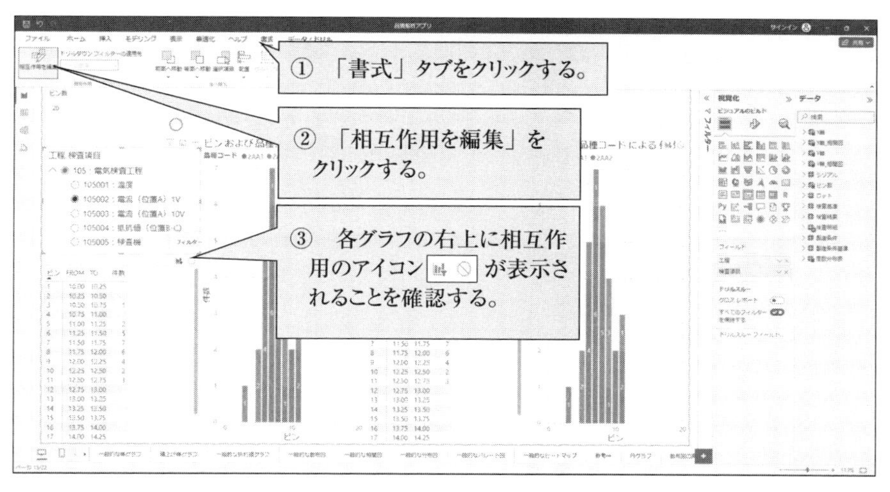

図 5.72　Step2：「相互作用を編集」をクリック

(3)　Step3：グラフの相互作用を編集する(図 5.73 ～図 5.78)

① 左側の「スライサー」を選択する。

② 右側の「スライサー」「度数分布表」「分布図」の相互作用は「なし」を選択する。

③　左側の「度数分布表」を選択する。

④　右側の「スライサー」「度数分布表」「分布図」の相互作用は「なし」を選択する。

⑤　左側の「分布図」を選択する。

⑥　右側の「スライサー」「度数分布表」「分布図」の相互作用は「なし」を

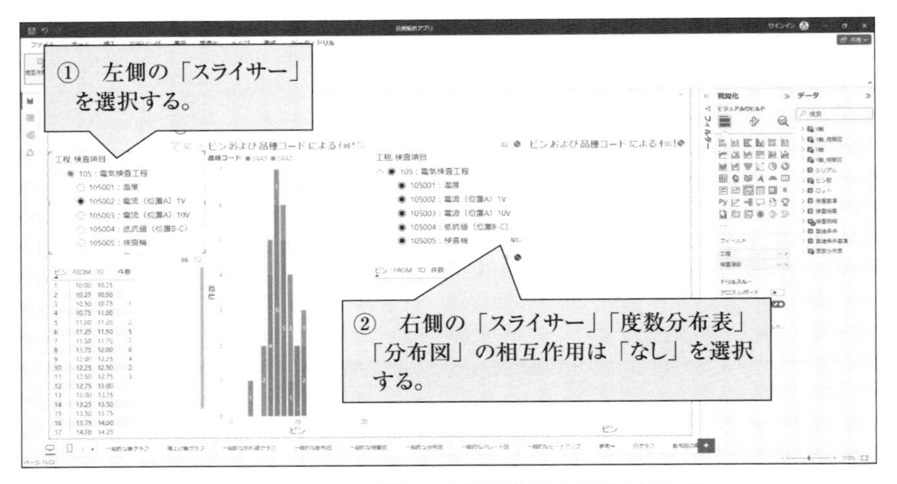

図 5.73　Step3：グラフの相互作用を編集（その 1）

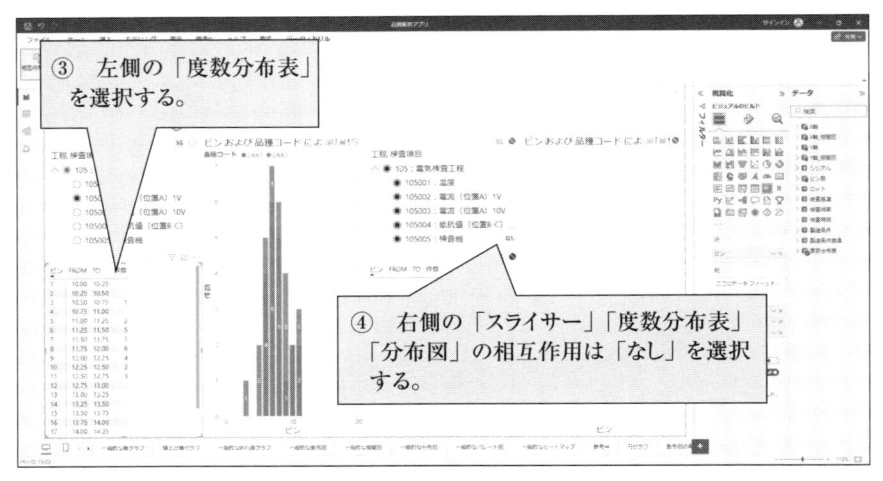

図 5.74　Step3：グラフの相互作用を編集（その 2）

選択する。

⑦　右側の「スライサー」を選択する。

⑧　左側の「スライサー」「度数分布表」「分布図」の相互作用は「なし」を選択する。

⑨　右側の「度数分布表」を選択する。

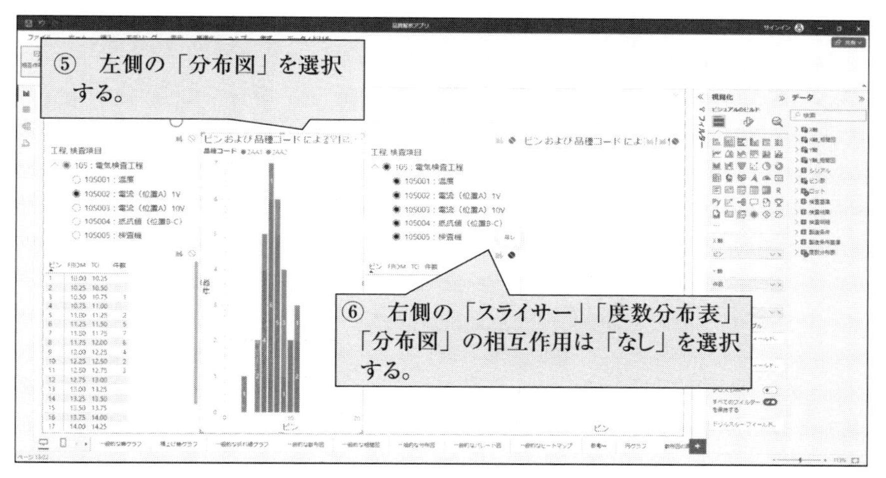

図 5.75　Step3：グラフの相互作用を編集（その 3）

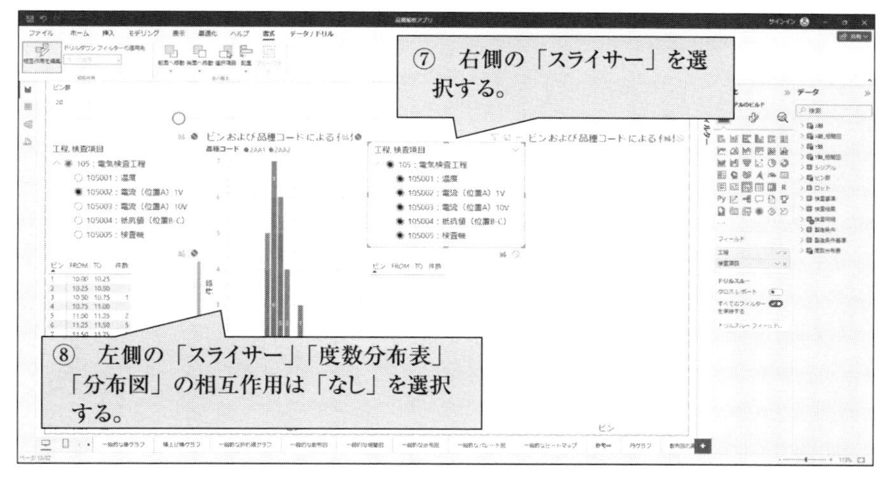

図 5.76　Step3：グラフの相互作用を編集（その 4）

⑩　左側の「スライサー」「度数分布表」「分布図」の相互作用は「なし」を選択する。
⑪　右側の「分布図」を選択する。
⑫　左側の「スライサー」「度数分布表」「分布図」の相互作用は「なし」を選択する。

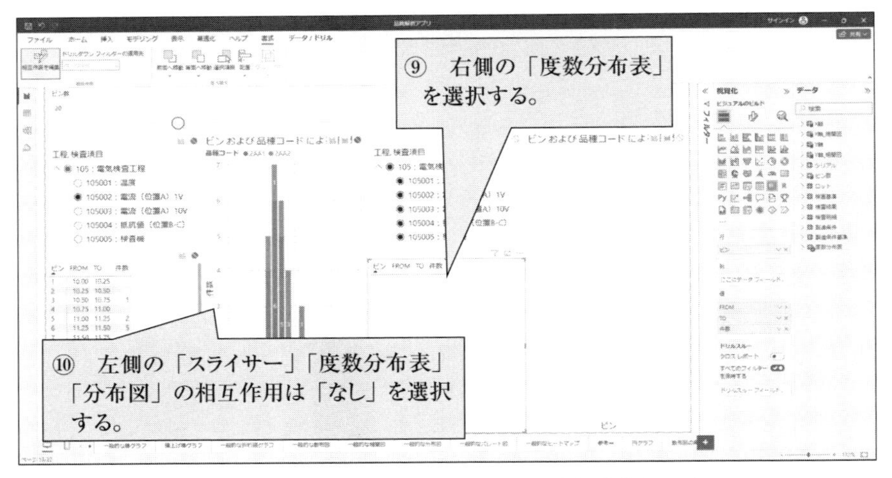

図 5.77　Step3：グラフの相互作用を編集（その 5）

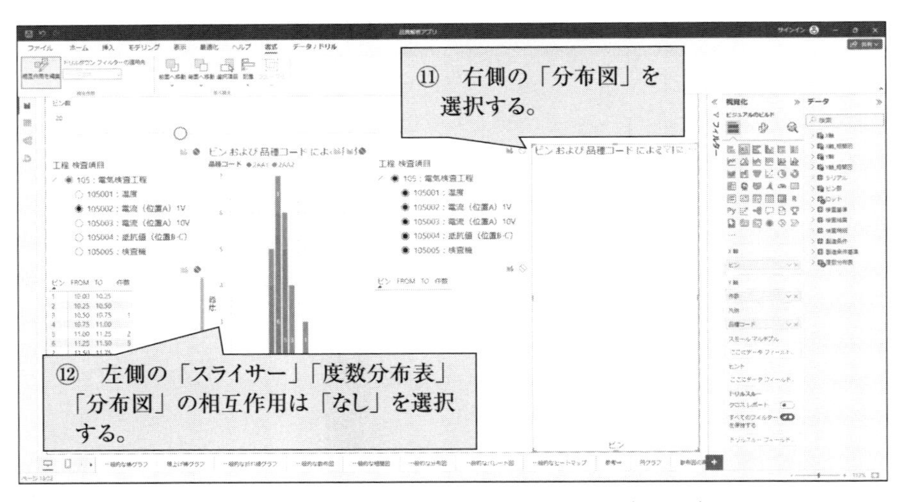

図 5.78　Step3：グラフの相互作用を編集（その 6）

(4) Step4：絞り込み項目を選択する(図 5.79、図 5.80)

① 左側の「スライサー」は「105002：電流(位置 A) 1V」を選択する。

② 右側の「スライサー」は「105003：電流(位置 A) 10V」を選択する。

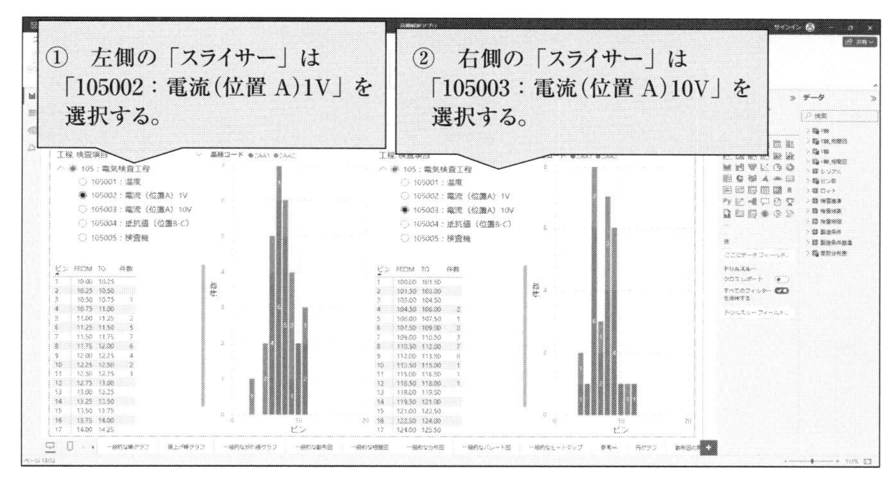

図 5.79 Step4：絞り込み項目を選択

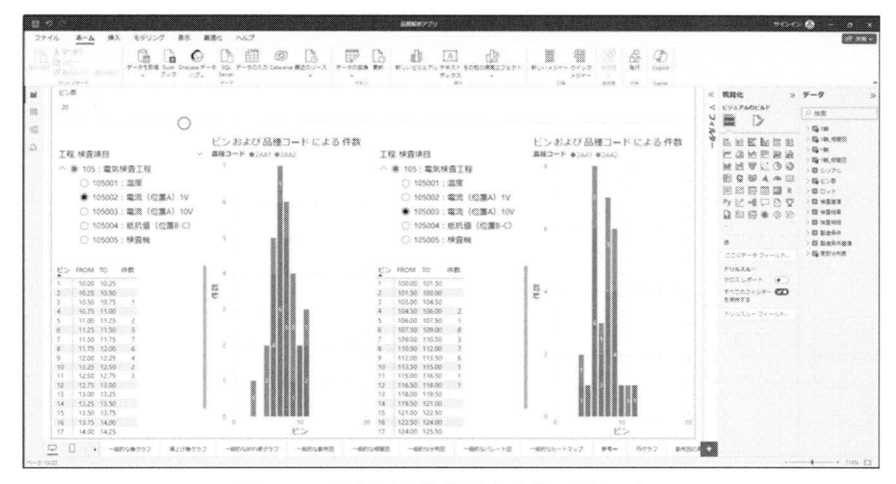

図 5.80 分布図の比較設定をしたサンプル

5.7　ヒートマップ

ヒートマップを使用する際に色分けした測定値に値が表示されていますが、値を非表示にしたいニーズがあります。また色分けの設定についてもより詳細に数値の変化が知りたいといったニーズがあります。

そのため、次の設定が必要になります。

①　測定値非表示

②　色分け詳細設定

ここでは「測定値非表示」「色分け詳細設定」の設定方法について説明します。

5.7.1　測定値非表示

測定値非表示の設定は次のStepで実施します。

Step1　色分け詳細設定のウィンドウを表示する。

Step2 「ヒートマップ・色分け詳細設定」のStep2～Step9を行う。

ではStepごとに具体的に説明します。

(1)　Step1：色分け詳細設定のウィンドウを表示する（図5.81、図5.82）

①「視覚化」タブの「ビジュアルの書式設定」を選択する。

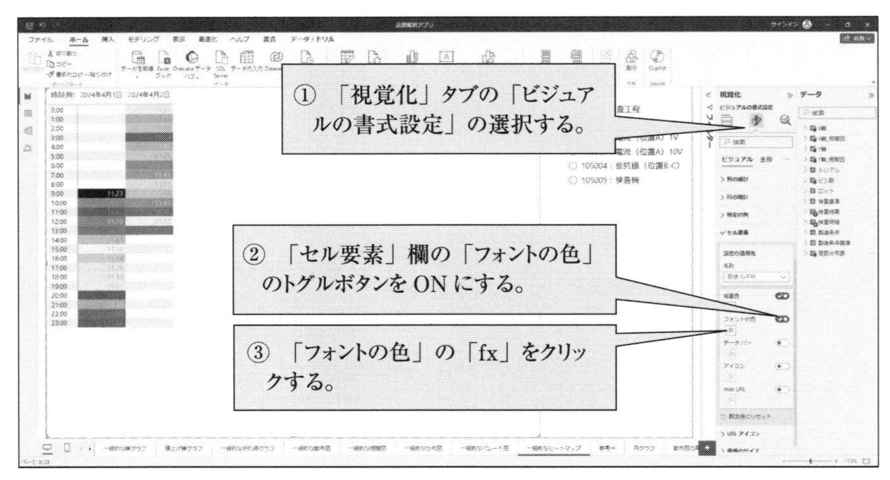

図5.81　Step1：色分け詳細設定のウィンドウを表示（その1）

② 「セル要素」欄の「フォントの色」のトグルボタンを ON にする。
③ 「フォントの色」の「fx」をクリックする

図 5.82　Step1：色分け詳細設定のウィンドウを表示(その 2)

(2)　Step2：「ヒートマップ・色分け詳細設定」の Step2 ～ Step9 を行う(図 5.83、図 5.84)

① グラデーション設定を行う。
② 「OK」をクリックする。

5.7.2　色分け詳細設定

色分け詳細設定は次の Step で実施します。

Step1　色分け詳細設定のウィンドウを表示する。
Step2　「スタイルの書式設定」は「グラデーション」を選択する。
Step3　背景色の「適用先」を選択する。
Step4　「基準にするフィールド」は色分けの基準にしたい項目を選択する。
Step5　「要約処理」を選択する。
Step6　「空の値を書式設定する方法」を選択する。

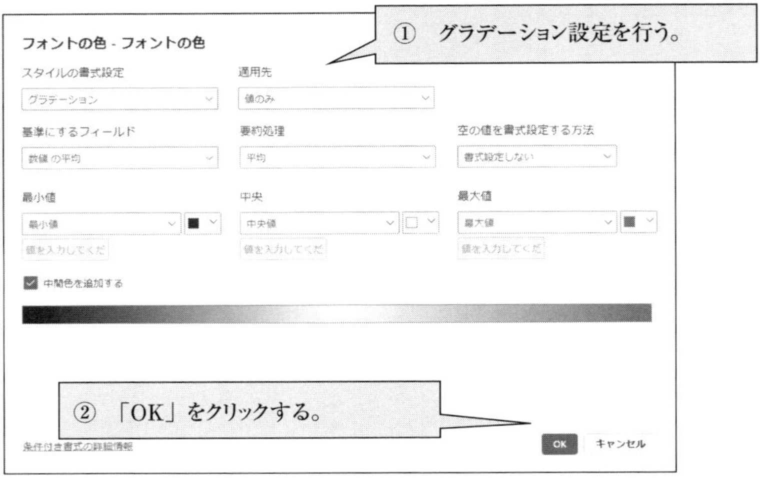

① グラデーション設定を行う。

フォントの色 - フォントの色

スタイルの書式設定　グラデーション

適用先　値のみ

基準にするフィールド　数値 の平均

要約処理　平均

空の値を書式設定する方法　書式設定しない

最小値　最小値　値を入力してくだ

中央　中央値　値を入力してくだ

最大値　最大値　値を入力してくだ

中間色を追加する

② 「OK」をクリックする。

条件付き書式の詳細情報

OK　キャンセル

図 5.83　Step2：「ヒートマップ－色分け詳細設定」の Step2 ～ Step9 を行う

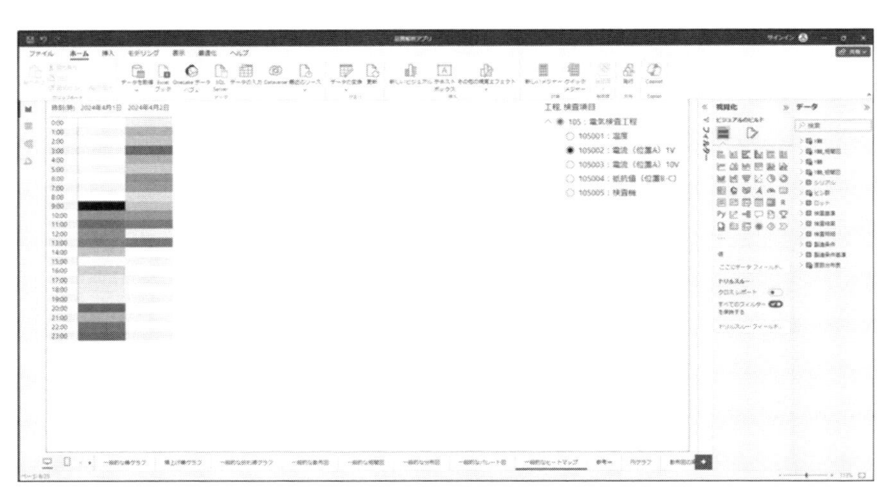

図 5.84　ヒートマップに測定値の非表示を設定したサンプル

Step7　「最小値」の値と色を選択する。

Step8　「最大値」の値と色を選択する。

Step9　「中間色」を追加し、値と色を選択する。

(1)　Step1：色分け詳細設定のウィンドウを表示する（図 5.85、図 5.86）

① 「視覚化」タブの「ビジュアルの書式設定」を選択する。
② 「セル要素」欄の「背景色」のトグルボタンを ON にする。
③ 「背景色」の「fx」をクリックする。

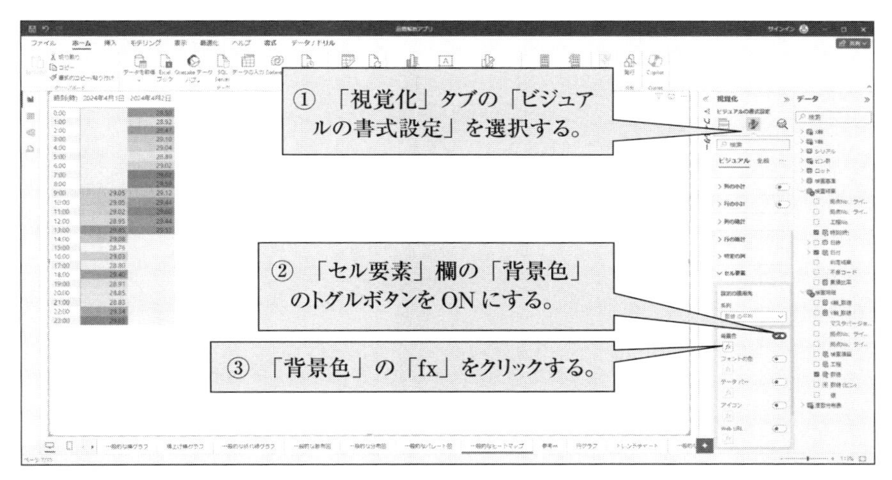

図 5.85　Step1：色分け詳細設定のウィンドウを表示（その 1）

図 5.86　Step1：色分け詳細設定のウィンドウを表示（その 2）

(2)　Step2：「スタイルの書式設定」は「グラデーション」を選択する（図5.87）

①「スタイルの書式設定」は「グラデーション」を選択する。

(3)　Step3：背景色の「適用先」を選択する（図5.88）。

①「値のみ」を選択する。

図5.87　Step2：「スタイルの書式設定」は「グラデーション」を選択

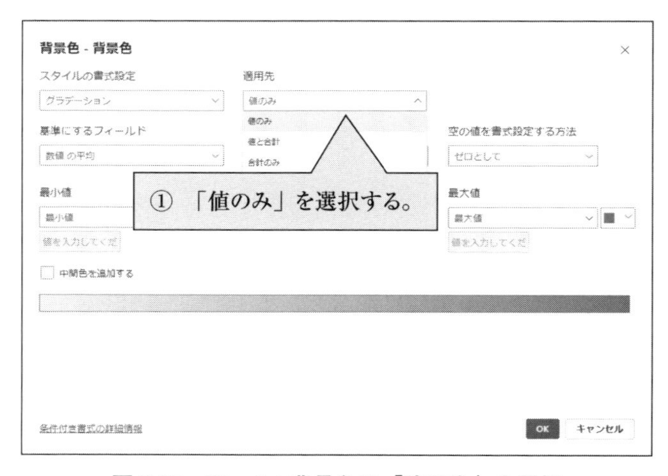

図5.88　Step3：背景色の「適用先」を選択

(4) Step4:「基準にするフィールド」は色分けの基準にしたい項目を選択する (図 5.89)

② 「検査明細・数値」を選択する。

(5) Step5 :「要約処理」を選択する (図 5.90)

① 「平均」を選択する。

図 5.89 Step4 :「基準にするフィールド」は色分けの基準にしたい項目を選択

図 5.90 Step5 :「要約処理」を選択

(6)　Step6：「空の値を書式設定する方法」を選択する(図 5.91)

① 「書式設定しない」を選択する。

(7)　Step7：「最小値」の値と色を選択する(図 5.92)。

① 「最小値」を選択する。

② 色を選択する。

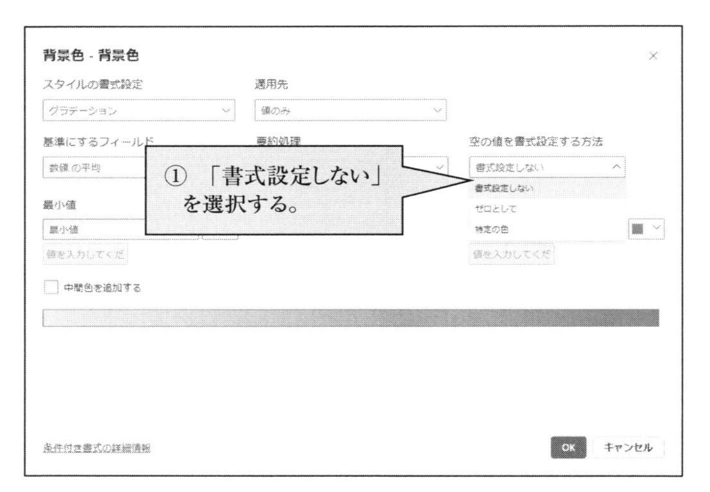

図 5.91　Step6：「空の値を書式設定する方法」を選択

図 5.92　Step7：「最小値」の値と色を選択

(8)　Step8：「最大値」の値と色を選択する(図 5.93)

①「最大値」を選択する。

②　色を選択する。

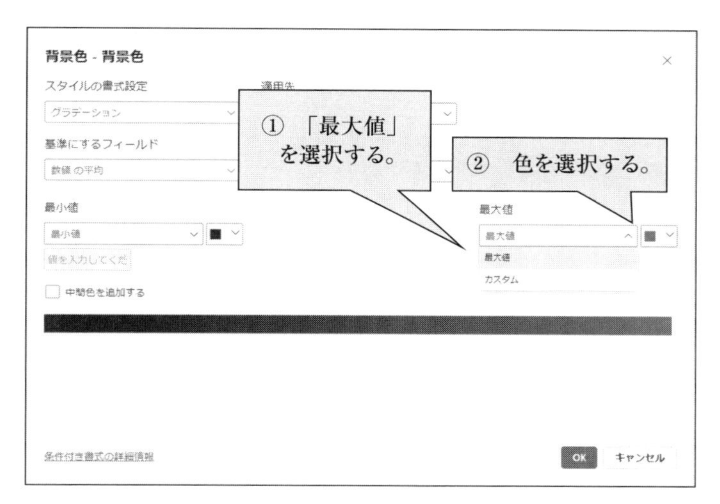

図 5.93　Step8：「最大値」の値と色を選択

(9)　Step9：「中間色」を追加し、値と色を選択する(図 5.94、図 5.95)

①「中間色を追加する」を選択する。

②「中央値」を選択する。

③　色を選択する。

④　OK を選択する。

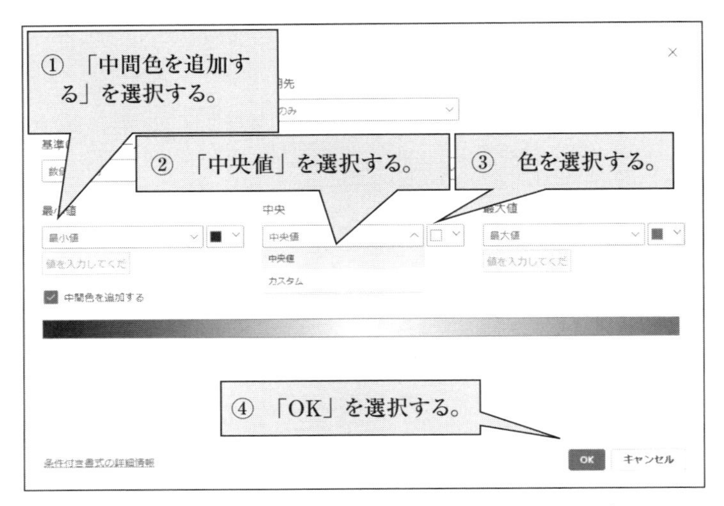

図 5.94　Step9：「中間色」を追加し、値と色を選択

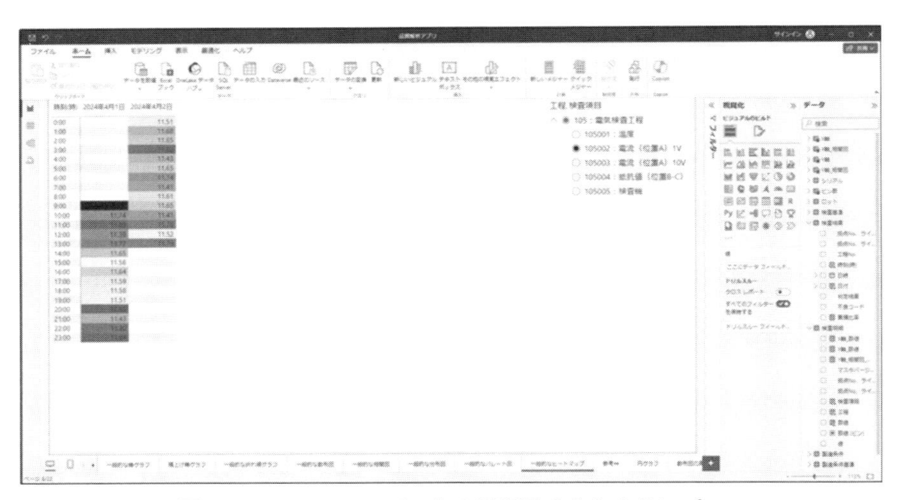

図 5.95　ヒートマップに色の詳細設定をしたサンプル

第６章

品質解析手順

第５章まででデジタル QC 七つ道具として必要なグラフ作成の手順を解説しました。

本章ではこれらのツールを使って不具合防止や不具合発生時の原因特定の迅速化を図るうえでのポイントについて説明します。

6.1　管理指標ベースの可視化

不具合が発生する前に防止する方法のポイントは大まかにいえば、次の２つです。

① KPI（管理指標）による客観的な品質チェック

② 傾向分析による予兆の検知

6.1.1　KPI（管理指標）による客観的な品質チェック

まず品質管理指標をライン別製品別期間別に見て、品質の安定度を監視していきます（図 6.1）。品質管理の指標値として不良率、標準偏差の σ、工程能力の C_p（C_{pk}）を見ていきます。これを期間別（日別、週別、月別）の母数に対し、製品別でみていくと品質が安定しているかどうかが確認できます。それぞれの指標値に対して上下限を超えている場合はレッドゾーン、その手間で要注意の場合はイエローゾーンとしておきます。レッドゾーンに突入しているものは不具合が何らかの形で発生しているので不具合発生時の対処となりますが、イエローゾーンも設定しておいてその指標値をチェックします。そうするとレッドゾーンに入る前に原因を特定対処することで不具合発生の防止につなげることが可能となります。

6.1.2　傾向分析による予兆の検知

傾向分析による予兆の検知は日別、月別といった一定の期間の中で製造条件

検査項目	規格(上限)	規格(下限)	検査シリアル数	不良数	不良率	平均	σ	Cpk
検査項目①	5.2	1.8	30	0	0.0%	4.06	0.05	7.48
検査項目②	100.0	0.1	30	3	10.0%	77.60	18.75	0.40
検査項目③	10.0	-10.0	30	0	0.0%	3.39	0.36	6.11
検査項目④	2000.0	0.5	30	0	0.0%	1,340.65	200.30	1.10

図6.1　品質指標でのチェック例

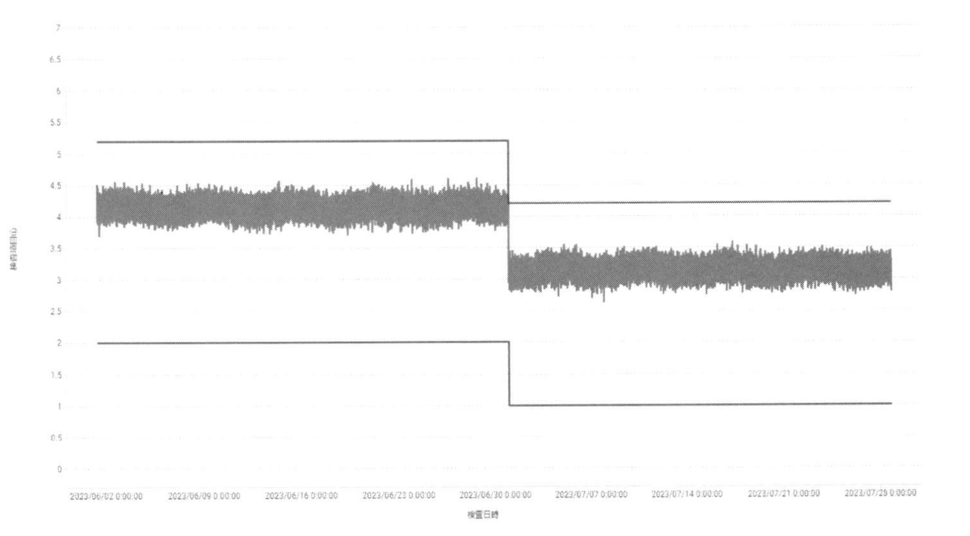

図6.2　経年変化による基準値の見直し

の変化を見ていき、経年変化による設備のメンテナンスのタイミングや基準値の変更につなげます。

同じ製品を同じ設備の構成で複数の工場で生産している場合、設備の経年変化により良品を生産するための製造条件は異なります。例えば、「設備導入当初は低い設定値で良品が製造できていたが、設備が古くなっていくと設定値を上げていかないと良品が製造できなくなる」といったケースがあります。このようなケースに対しては製造条件の上下限値を定期的に見直す必要があります（図6.2）。経年変化に対しては、年単位の製造条件の値の推移を見ていくことにより、上下限値の見直しが必要か確認していくことが可能です。これも同じ製品の複数工場の設備の値を比較していくことで精度が高くなります。

設備保全システムと連携することで、設備の連続運転時間や生産数からメンテナンス時期を予測して定期保全を行います。定期保全を行った結果を設備保全システムに登録します。一般的には設備保全を行うと設備の製造条件が変化します。品質が不安定になったことにより、設備のメンテンナンスの対策を行い実施します。そのあとの結果を見て、製造条件がよい方向に変化して品質が安定すると対策が効果的に働いていることになります。

しかしながら、よい方向で変化することだけではなく、メンテナンスを行った結果、悪い方向に変化して突然不具合が発生するケースもあります。不具合を解析する部署に設備メンテナンスの時期まで事前通知されることはありません。そのため、突然不具合が発生すると設備保全管理システムで設備のメンテナンスが行われたかどうかを確認します。設備のメンテナンスが実施されていればそれが原因であることが少なからずあります。あくまでメンテナンスしたことが悪いのでなく、メンテナンスの手続きが適切でなかったことが原因であるのでその点は誤解のないようにしてください。設備のメンテナンスは定期的に実施することは重要です。

6.2　不具合発生時の原因特定の迅速化

ここでは不具合発生時の原因特定のポイントについて述べます。

①　分布図による層別

②　相関図による層別

③　比較分析（並べる）

④　比較分析(重ねる)
⑤　数値を色で識別(ヒートマップ化)

6.2.1　分布図による層別

分布図(ヒストグラム)についてはグラフに表示する項目について説明をしました。ここではそのグラフを見てどう解析していくかについて説明していきます。

分布図は一般的に次の点に着目します。

1)　標準偏差σ、工程能力C_p（C_{pk}）でばらつきの度合いを判断する。
2)　特徴的な形になっていないか確認する。
3)　層別をして不具合の原因を特定する。

(1)　標準偏差σ、工程能力C_p（C_{pk}）でばらつきの度合いを判断する

標準偏差は、1σは約68%、2σは約95%、3σは約99.7%となります。分布図にそのσ線が引いてあればその線と分布図の形をみて、バラついているかどうか視覚的に判断できます。分布図の形が横が広い形になっていればばらつきが大きく、高い形になっていればばらつきは小さいことになります。

工程能力指数C_p（C_{pk}）については一般的に次のように判断されます。

$C_p \geqq 1.67$	非常に優れた工程能力
$1.67 > C_p \geqq 1.33$	優れた工程能力
$1.33 > C_p \geqq 1.0$	まずまずの工程能力
$1.0 > C_p \geqq 0.67$	不良品が多く改善が必要と判断
$0.67 > C_p$	数値が非常に不足しており、品質保障が困難なため是正措置が必要と判断

したがって、C_p（C_{pk}）の値を見れば問題あるかないかが一目瞭然です。

(2)　特徴的な形になっていないか確認する

分布図を見た際に次の特徴的な形になっていると問題が内在していると判断できます。

①　ふたこぶ型
②　裾引き型
③　離れ小島(飛び値)

ふたこぶ型は高い山が２カ所に分れているケースです。この場合は分布が正常にされていないため、問題が内在していると判断します。

裾引き型は山の裾野に少量の値が広がっているケースです。この場合も裾野のある範囲までは問題が内在していると判断します。

離れ小島（飛び値）がある場合、その部分は問題であることが多いです。この場合は飛び値になっていないところにも問題がないか判断する必要があります。

(3)　層別をして不具合の原因を特定する

不具合原因を特定するには加工要因か材料要因かの切り分けを行います。加工要因については不具合のデータがどの工程のどの設備に偏っていいないか製造条件を見て判断します。材料要因については使用している材料のどのロットに偏っていないか材料ロットを見て判断します。

このような判断をする際に分布図を構成しているシリアルごとに製造条件や材料ロットを製品検査⇒工程検査⇒製造条件⇒材料ロットという形でドリルダウンしていくと非常に時間を要してしまいます。

そのために分布図上で設備ごとや材料ロットごとに色分けして層別が図れるとわかりやすいです。

例えば、ある材料ロットに裾引きのデータが集中しているのであればその材料ロットの問題である疑いがある、と判断できます。

他にも設備複数台を並列で使用している場合、同じロットである設備を使用している部分の値がおかしい場合はその設備に不具合が発生している可能性が高いといった形で判断できます。層別して不具合箇所の特定をしたらドリルダウンして製造条件や材料ロットについて詳細確認をすると解決までの時間短縮につながります。

6.2.2　比較分析（並べる）

不具合の原因を特定する場合にまず複数のグラフを並べて表示するとわかりやすいです。具体的にはロットの複数項目の値の折れ線グラフを縦（上下）に並べると相関の傾向がわかりやすいです。

例えば、金属を圧延する工程はよくありますが、この場合は圧下、形状、張力により品質が決まります。圧下、形状、張力のグラフを縦に並べて比較していくと形状を見た場合に厚さに問題があったときに、張力は変わりませんが、圧下に変化があると圧下の影響で形状の品質に問題が出たと判断できます。

6.2.3　比較分析(重ねる)

不具合で同じ項目を複数のロットのデータのグラフを重ねて表示すると良し悪しのポイントがよくわかります。重ねるニーズについては次のケースがあります。

①　良品サンプルデータと重ねて比較
②　過去トラの不具合データと重ねて比較

(1)　良品サンプルデータと重ねて比較

良品サンプルの同一項目の値と比較対象の項目の値を比較すると適正かどうかの判断ができます。

例えば、良品サンプルで測定した際の値を折れ線グラフで表示して、そこに今回測定した値を重ねるとどの程度バラついているか、確認ができます。

分布図についても同様に良品サンプルのロットでの分布図と重ねると先程説明したように横に広がっているのかどうか比較できるので視覚的にわかりやすいです。

(2)　過去トラの不具合データと重ねて比較

新規の不具合については過去の類似事象を見て、そのときのグラフの折れ線波形や分布図の形と重ね合わせることにより類似していれば同じ不具合である可能性が高いといった判断ができます。

6.2.4　数値を色に変換する(ヒートマップ化)

数値データだけを眺めていてもわかりにくいですが、数値を色に変換するとばらつきや問題箇所がよくわかるようになります。具体的には高い値は赤、低い値は青、真ん中は黄色か白といった形でビジュアル化して違いを可視化することです。

例えば金属の圧延の場合、両端と真ん中では形状が異なりやすくなります。形状の数値だけを区画(形状を分割した値)で見ていてもよくわかりませんが、先程のように色分けすると両端は赤く真ん中は黄色や青くなります。何かゴミが付着していたり、圧延のローラーに付着物があるとその部分に傷が発生したりします。その部分も色分けするとよく見えて不具合と判断できます。

半導体関係の場合は上下限値の基準値で色分けをしていても中央に値が集中しているので色も同一色でよくわからないことがあります。測定したロットの値の上下限値で色分けをするとそのロットの中での数値のばらつきが色分けされるので傾向がわかりやすくなります。基本は基準値内に収まっているので問題はありませんが、イエローゾーンの際にこのような分析ができると問題の原因特定につながります。

第７章

ビッグデータの取り扱い手法

7.1　リアルタイム判定と多角解析の概要

品質判定の方法は主に「リアルタイム判定」と「多角解析」に分かれます。

「リアルタイム判定」の目的はラインで完成した製品を後工程に流す前に複雑な品質判定をIoTで行って、良品・不良品・保留品の判別を行います。その結果で製品を振り分けて良品のみ後工程に流すことにあります。

従来の検査工程は完成品を検査前置き場に置き人が目視検査をして良品・不良に分けて良品は後工程に流すというバッチ作業で行っていました。今はラインで加工や組み立てを行った直後にライン中で画像検査をして外観品質や寸法測定を自動で行い良品・不良品の振り分けをすることでラインから出てきたときには良品と不良品に分かれている自動化ラインが増えてきています。これを検査のインライン化と呼び大手製造業を中心に進んでいます。

さらに次の品質判定方法にIoTの活用領域が拡大しています。

① ロットに対する不良品の一定割合による出荷保留判定

② 検査や製造条件の複数項目の閾値判定

③ 過去トラの個別品質判定

多角解析はビッグデータを解析する手法で次の目的で解析を行います。

④ 不具合発生から原因特定までを確実に行うと共にリードタイムの短縮化を図る。

⑤ 現在の製品の品質状況を確認して、安定して生産できているか、不良が発生しそうかの予兆を確認する。

7.2　リアルタイム判定

今回はロットに対する不良品の一定割合による出荷保留判定を例として説明します。最近は半導体関連製品が増えていますが、その場合は一つひとつの製品の検査結果では合格になっていても一定のロットの母数に対して不良が一定量含まれていると最終判定を保留するケースがあります。この場合、1つひとつの検査結果の合否判定をリアルタイムに見て不良の種類ごとに判定基準を自動計算して出荷可否を判定します(図7.1)。それによりラインで完成した製品を精緻な判定基準で判定したうえで出荷できるので、より高度な品質管理が実現できます。

リアルタイム判定のポイントは次のとおりです。

① 自工程完結
② 物と情報の同期設定
③ 工程検査と不良判定
④ 最終検査と不良判定
⑤ 品質不具合連絡データベースとの連携
⑥ 出荷判定

7.2.1 自工程完結

まず、リアルタイム判定で求められるのは自工程完結です。つまり自工程で良品を必ず生産して、万が一不良が発生しても後工程には不良は流さないこと

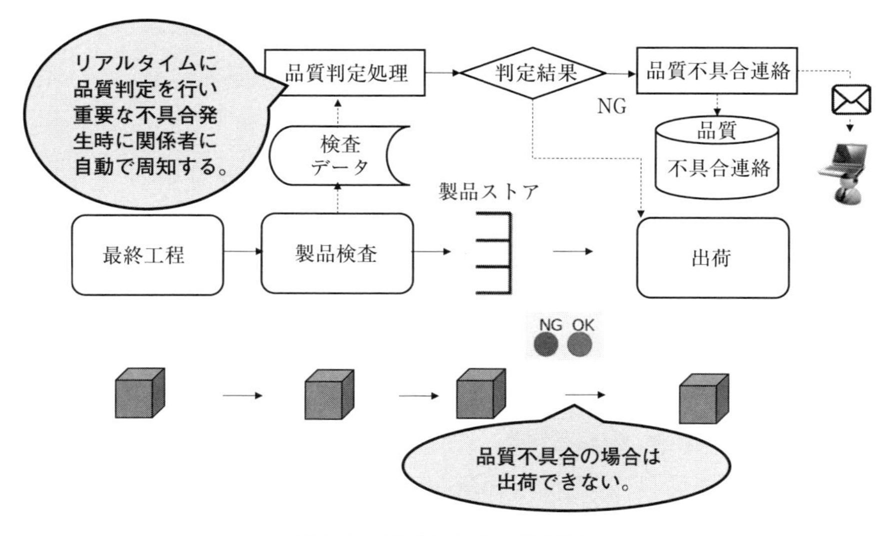

図7.1　リアルタイム判定例

が求められるのです。「後工程はお客様」などと、格言のように現場では言ってはいますが、品質判定方法が複雑な場合、人が判断しているとそのサイクルタイムが長くなりバッチ作業化してしまうことがあります。また、人による判断では、間違えるケースが発生します。

IoTで複雑な処理ロジックを自動化することにより判定作業をラインの流れに同期させて自工程完結を実現します。

7.2.2　物と情報の同期設定

リアルタイム判定を実現するためには、物と情報を同期させる必要があります。例えば、5秒単位に1個ずつ物が流れているとします。工程が30工程ある場合に、物が流れてから、各工程の情報が1時間ごとにまとめて来ているとすれば、リアルタイムでの判定はできません。そのため、工程ごとに物が生産されて流れたら、各工程の製造条件、工程検査、製品検査の情報はすぐにデータの取り集めができなければなりません。これを物と情報の同期設定といいます。

物と情報が同期されている場合はシリアルごと工程ごとの情報から閾値判定や複雑な処理での判定がリアルタイムに判定できます。つまり情報での先入先出しが可能となりシステムの処理もシンプルになります。

一方、物と情報が同期されていない場合、次のような問題が発生します。

①　後工程の製品完成データが先に来て、前工程の製品検査のデータが来ない場合、良品・保留品の判定ができずラインに物が滞留する。

②　一定時間データが来なくて、後からまとめて来ると品質判定処理待ちでラインに物が滞留する。

つまり、物は流れているが最後の品質判定待ちでラインに物が滞留してしまい、出荷できなくなります。物と情報の同期設定は非常に重要なのです。

7.2.3　工程検査と不良判定

ラインの途中工程では、加工が終わると画像検査機でシリアル単位に画像検査を行い、品質を判定します。そこで良品のものは後工程に自動で流れて不良のものや疑わしいものについてもラインから跳ね出しをします。跳ね出された物は再検査や詳細検査を行って良品と判断されればラインに再投入します。

7.2.4　最終検査と不良判定

製品が完成し、最終検査が終わると検査データが検査機から収集されます。そこでNGの物は不良として跳ね出されます。同一ロットの不良データは不良原因別にカウントされ一定量を超えると品質不具合連絡書データが作成され品質不具合データベースに登録され、関係部署にメール通知されます。

その場合、検査OKも出荷保留扱いとなります。

7.2.5　品質不具合連絡データベースとの連携

品質不具合連絡書が起票された場合、そのロットの製品は検査合格品でも出荷保留扱いとなります。

出荷保留扱いの場合、不良原因の特定を関係部署含めて行い、問題がなければ保留解除処理を行います。

問題があった場合は特定のシリアルを廃棄扱いにして、良品と判断できるものは出荷可にします。

7.2.6　出荷判定

製品検査で良品判定されたものは製品入庫ゲートを通過できます。良品判定されても同一ロットで品質不具合連絡書が起票されたシリアルは出荷保留扱いで製品入庫ゲートは通過できません。品質不具合連絡書の不良原因が特定され保留解除がされれば製品入庫ゲートを通過できます。

物と情報の同期設定が成立していれば物の流れに合わせて複雑な品質判定処理を自動化することができますし、製品入庫の通過可否制御も可能となります。

7.3　多角解析

7.3.1　多角解析の概要

多角解析はビッグデータを解析するための手法です（図7.2）。多角解析のポイントは次のとおりです。

①　ラインに分散している情報の一元管理

②　必要な項目、粒度の情報の絞り込み

③　活用データベースの構築

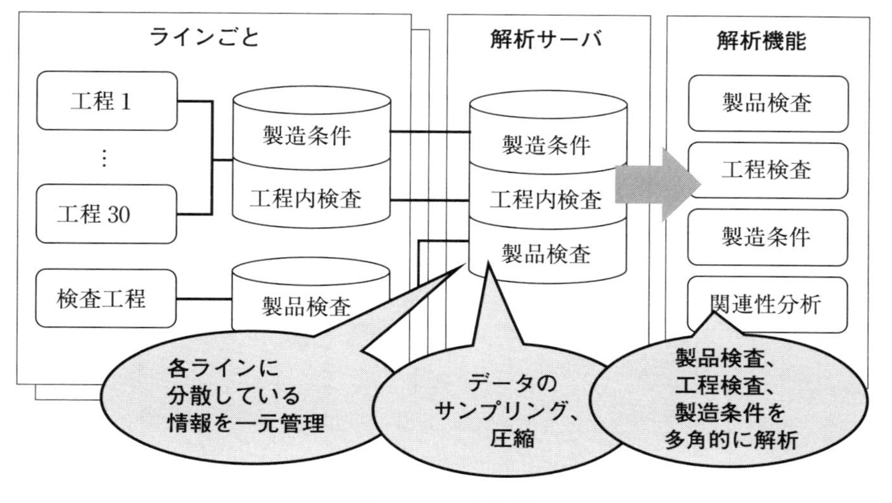

図 7.2　多角解析

④　フレキシブルな抽出を可能とする検査画面

7.3.2　ラインに分散している情報の一元管理

多角解析する際のデータは次の工場＞ライン＞工程といった編成から成ります。また、工程も加工工程⇒工程検査⇒組立工程⇒製品検査といった流れが一般的です。これらの加工工程、工程検査、組立工程、製品検査のそれぞれの製造条件、検査データはそれぞれ異なる制御機器や PC を経由して情報収集蓄積されているケースが多いのです。またラインごとにも分れているケースが多いのです。

大事なのはその分散しているデータを 1 カ所に集約することです。

7.3.3　必要な項目、粒度の情報の絞り込み

多角解析する項目も解析に必要な項目を必要な粒度に絞って収集することが重要です。例えば、ある大手の製造業では 1 ラインの 1 月の製造条件や検査データが 1 億件になります。さすがに 1 億件のデータを一気に処理しようとするとデータ収集の処理時間が長くなり、蓄積したデータを検索するのにも時間がかかり、レスポンスが遅い傾向になります。

しかし、解析に必要な項目に着目した場合、すべての項目のデータが必要で

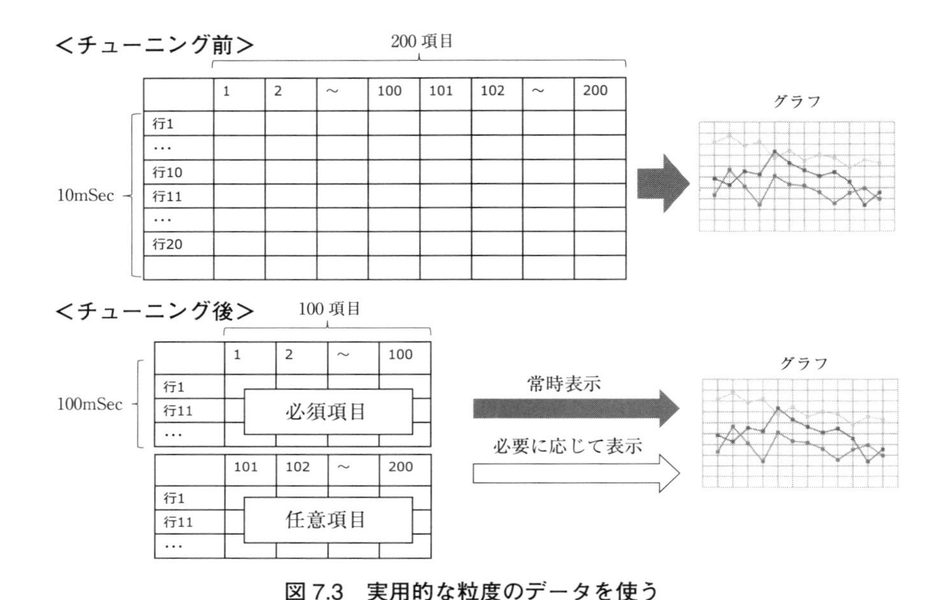

図 7.3　実用的な粒度のデータを使う

ない場合が多いのです。そのため、解析に必要なデータに絞ってデータ集約をする必要があります。またデータの粒度についてもある製造業では 10mSec の間隔でデータを収集していました。10mSec となると 1 秒間に 100 件のデータ量となります。このデータをそのまま蓄積していると検索時間が非常にかかって使い物にならない事態が発生しました。そこからよくよく調べていくと 100mSec であれば解析に利用が可能であることがわかりました。そうなると約 10 分の 1 のデータ量で済むため検索時間が飛躍的に向上しました(図 7.3)。簡単な試算では「検索に 90 秒かかっていたものが 9 秒に短縮される」といった感じです。解析に必要な項目と必要な粒度に絞り込むだけでメタボなデータベースが筋肉質なデータベースに変革するのです。

7.3.4　活用データベースの構築

解析に使用するデータは、「解析しやすい構造で持つ」ことが重要です。基本収集しているデータは正規化されています。わかりやすくいうと格納しやすい構造になっていますが、それは活用しにくい構造になっているということです。

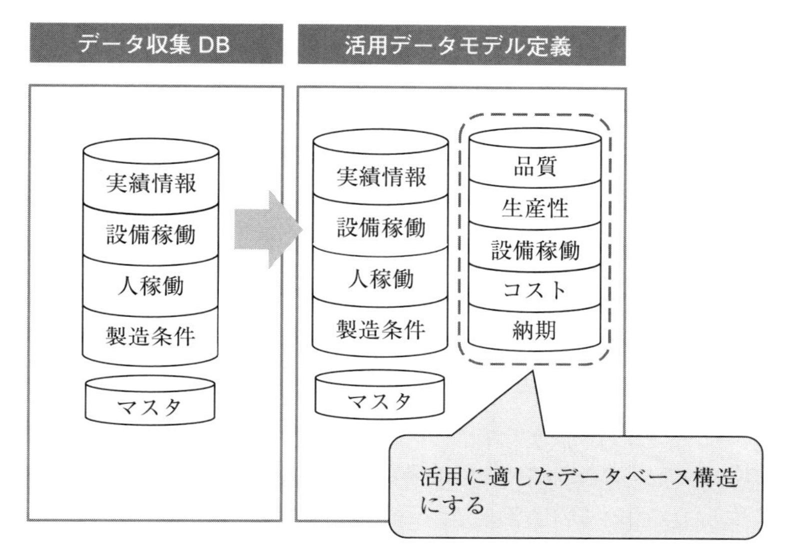

図 7.4　活用データベース

正規化されているデータ構造の特徴は次のとおりです。

①　ヘッダと明細に分かれている。

②　トランザクションデータにはキーのコードのみで名称はマスタテーブルに入っている。

ヘッダと明細に分れていて、マスタテーブルいった別の名称のテーブルになっていると必要な情報を検索する際に複雑な問合せをしなければ、データを検索できません。そのため、検索するシートごとにヘッダと明細とマスタを 1 つにする中間データを作成して検索することになります。そうなるとシートを作る人にプログラミングスキルが必要になるといった問題が発生します。レスポンスも遅くなります。このような問題を防ぐために、ある程度シンプルな構造の「解析用のデータ構造」でデータを持っておく必要があるのです(図 7.4)。

7.3.5　フレキシブルな抽出を可能とする検査画面

多角解析において、検索する画面のレイアウトのポイントは次のとおりです。

①　フィルタパネルと表示項目

②　絞り込み検索表示

ビッグデータ解析の際にはまず、大量のデータからライン別、工程別、ロット別などの必要なデータを絞り込む必要があります。そのために絞り込みたい項目を整理して画面に配置します。絞り込み条件を入れて検索することでグラフやデータシートにデータが表示されます。

BI ツールを使用する場合、絞り込み条件を入れて画面に複数のグラフを配置するとデータの同期をとる設定などが必要になり、実現に手間がかかります。そのため、まずは１画面につき、１絞り込み条件１グラフといったシンプルな構成から始めたほうが開発効率がよいのです(図 7.5)。

グラフは「絞り込み条件の項目＋グラフ」という構成で複数のグラフを用意しておくと便利です。こうすれば、最初にある程度絞り込んでグラフを表示したら、そのデータを引き継いで別に用意しているグラフに絞り込み条件を引き継いで表示してくれるのです。グラフを切り替えたら、さらに絞り込みを行って解析することができます。そのため、ライン別、期間別の粗い抽出条件で絞り込んで折れ線グラフや散布図で上下限を超えているロットを特定して、そちらを分布図で確認し、さらに問題となっているシリアルのデータシートを確認して原因を特定する、といった作業が直観的に可能となります。

まとめると製品検査結果⇒工程検査結果⇒各工程の製造条件の関連情報を多角的に解析し、不具合発生時の不具合原因の特定や不具合発生の予兆を検知す

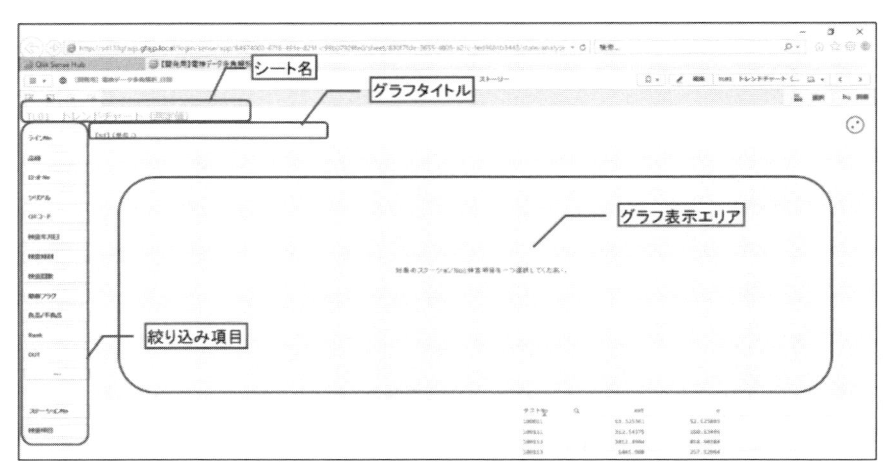

図 7.5　画面のレイアウト例

るということが可能なのです。

7.4　定型解析と非定型解析

7.4.1　定型解析と非定型解析の概要

ビッグデータを解析するために、約5年程度の過去データまで含め全データを蓄積サーバには格納しています。そのため、全データから必要なデータを検索するとかなり時間を要するので、実用に耐えません。そこで、「定型解析」と「非定型解析」に分けた運用が必要になります(図7.6)。

定型解析は日次や月次といった直近のデータを見て、あらかじめ用意しているグラフを使用して傾向分析による不具合発生の予兆の検知や異常発生時の要因解析を行います。

それに対して、非定型解析では新規に発生した不具合に対して過去のトラブルを見て、あらかじめ用意しているグラフを用いて類似の事象のデータを抽出比較して「同じ事象なのか」「異なる事象なのか」「その原因は何か」といった形で新規のグラフ編集などを用いて解析します。

定型解析を行うことでよく起こる不具合に対して迅速に原因特定が可能となり、非定型解析を行うことで新規に発生した不具合に対する解析の迅速化と確

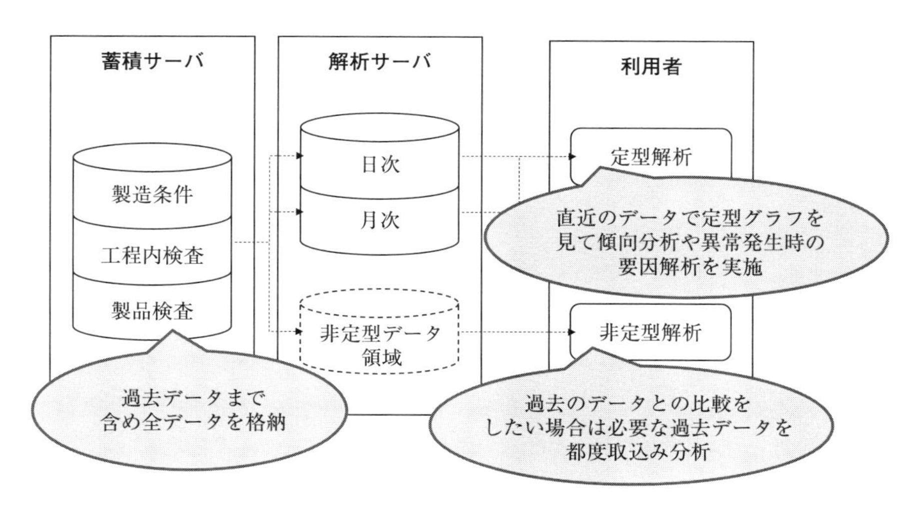

図7.6　定型解析と非定型解析

実な原因特定につなげることが可能となります。

7.4.2　定型解析

ここでは定型解析についてさらに掘り下げて説明します。

定型解析では数分から数時間内での迅速な解決が求められるため、解析するデータ量は直近１日分の日次データと直近31日分の月次データを使用します。そのために蓄積サーバ上に保存されている過去５年のデータから日次、月次のデータを更新していきます。

日次のデータは物と情報の流れの同期で説明したように物が流れるとそれと同期して製造条件、工程検査、製品検査の情報も流れてきます。ですから、それらの情報をリアルタイムに日次データに反映していきます。月次のデータは日単位の粒度で使用するため、１日に１回程度直近31日分のデータに洗い替えをしておきます。これを自動で行うように設定しておくことで、月次は直近１カ月分の情報を使用して解析ができます。

定型解析では次の２つの視点での解析を行います。

①　ロット別解析

②　時系列解析

(1)　ロット別解析

ロット別解析では当日生産しているロットの中で不具合が発生した際の原因特定を行います。こちらは主に連続して出る不良原因の特定に使用します。

不良原因の特定の仕方については大きく次の２つがあります。

1)　解析フローによる不良原因特定の半自動化

2)　主要グラフを準備した人による判断

「解析フローによる不良原因特定の半自動化」とは、あるロットの中である異常が発生した際にその原因を特定する解析手順をフローとしてあらかじめ用意しておき、その順番にそって自動で判断できる部分は自動処理を行い、人が判断すべき場合は、人が見て判断し、解析します。そうすることで過去に発生している不具合に対する解析手順を標準化します。また、自動処理できる部分を増やすことで解析作業が迅速化されます。

ここでのポイントはすべて自動化するのでなく人判断でしかできないところは人判断をすることです。

例えば、ある製造条件や検査の複数項目の値や計算値が上下限に入っていた場合や外れた場合で次の手順が分岐する場合は自動化します。次の手順で画像を見てある事象が発生していないか目視判断が必要な場合は、人が画像を見て判断をして結果を記録します。画像判断は画像解析では100％の自動化が図れないため現在は人が判断しますが、将来的に画像解析で精度が確保できれば自動処理に変えていくことで、自動化できる処理が増えて解析の標準化自動化が促進されるでしょう。

主要グラフを準備した人による判断についてはロットでの不具合が発生した場合にあらかじめデータシートや分布図といった必ず確認するグラフを用意しておき、それを人が見て判断するという方法です。一般的には対象ロットのデータを抽出して、Excelで用意したブックに複数のグラフが用意されており、対象データを貼り付けることで見られるようにしています。その場合は対象のロットのデータを抽出してExcelに貼り付けるまでが面倒な作業となる。BIツールなどを使っていればすぐに対象のグラフを見て解析ができるので、原因特定が迅速化されます。

(2) 時系列解析

時系列解析では主に不具合発生の予兆の検知を行う。そのために次の確認を行います。

① KPI（管理指標）による客観的な品質チェック

② 傾向分析による予兆の検知

KPI（管理指標）による客観的な品質チェックは品質管理指標をライン別製品別期間別に見て、品質の安定度を監視していきます。傾向分析による予兆の検知は日別、月別といった一定の期間の中で製造条件の変化を見ていき経年変化による設備のメンテナンスのタイミングや基準値の変更につなげる。具体的には後の項で説明していきます。

7.4.3 非定型解析

ここでは非定型解析についてさらに掘り下げて説明します。

非定型解析では新規に発生した不具合に対して解析をすることになります。言い換えると全く新しい不具合もしくはたまに起こる不具合の解析となるため、日次や月次のデータに類似データがないケースが多いです。そのため、過去５年分のデータから探していく必要がある。解析のポイントは次のとおりです。

1）　データ抽出の手順
2）　データ保存上における注意
3）　解析の手順

(1)　データ抽出の手順

過去のデータから必要なデータを抽出する際にはある程度絞ってデータを取り込んだ上で解析しないと検索やグラフ表示に時間がかかり実用に耐えないです。そのために品質不具合データベースには過去トラの情報が蓄積されているため、そこから過去の不具合原因を検索して対象ロットのデータを蓄積サーバから抽出します。

(2)　データ保存上における注意

過去データから対象ロットデータを抽出する際にも次のデータ検索ができるようにあらかじめ以下のようなデータを保存しておきます。

①　対象ロットの情報だけのデータを５年分保存
②　製造条件、工程検査、製品検査のデータは期間別またはロット別に分けて保存

製造条件、工程検査、製品検査の情報はデータ量が非常に大きくなります。それに比べてロットと対象シリアルの情報は少量になります。そのため、蓄積サーバから対象のデータを抽出しやすくするために対象ロットの情報は１つのテーブルに入れて置き抽出条件から絞り込みます。

絞り込んだ対象ロットやシリアルごとのリストから必要な製造条件、工程検査、製品検査の情報を抽出します。抽出する元のデータは月単位やロット単位でテーブル分割しておけば分割されたテーブルのデータから抽出するため、抽出の時間短縮になります。BI ツールの種類によっては蓄積サーバのデータをデータベースの形式から圧縮して保存することも可能になるため、そちらの形式で持っておくと抽出時間がさらに短縮されて効率がよくなります(図 7.7)。

(3)　利用用途ごとの解析

過去のデータから解析対象のデータが抽出されたら次の手順で解析を行いま

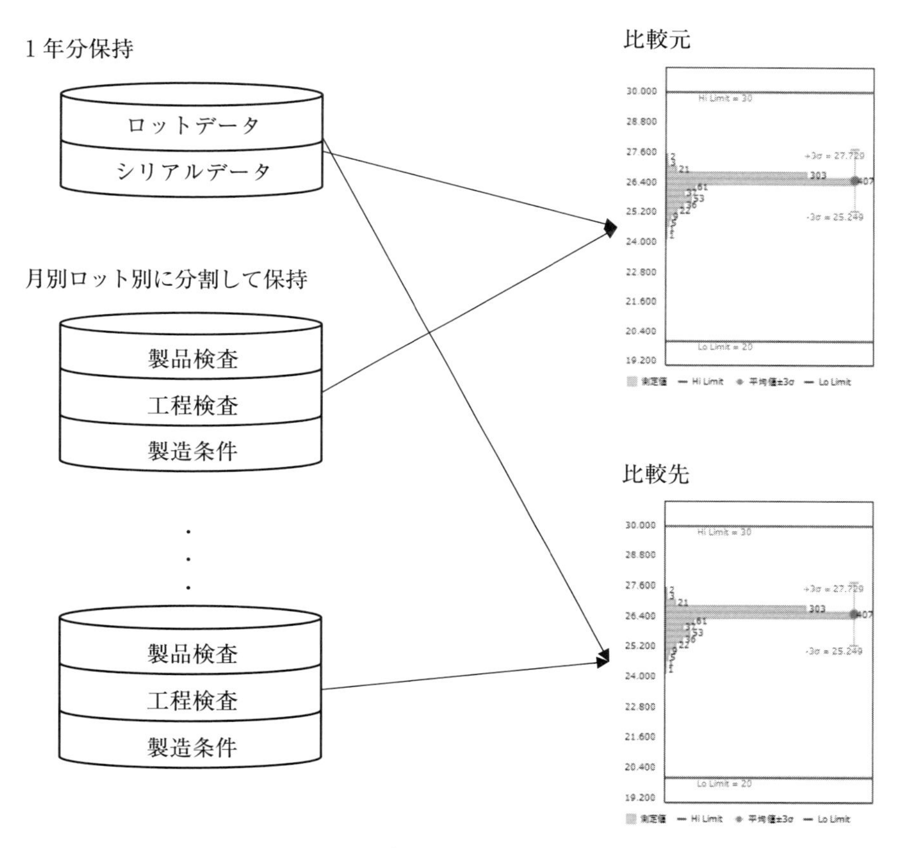

図 7.7　データ保存上の注意点

す。

①　過去の品質不具合事象の種類で検索

②　ロットを指定し比較

あまり見ない不具合が発生したら、品質不具合データベースの不具合事象を検索して「過去にその事象の不具合が発生していないか」をまず確認します。過去に不具合事象があれば、そこから原因を確認します。原因だけの情報では詳細はわからないため、その類似事象のロットに関する製造条件、工程検査、製品検査のデータを蓄積サーバから抽出します。

類似事象のデータを抽出したらそのデータと今回発生した不具合のデータを

比較して同じ事象か異なる事象か切り分けを行います。

同じ事象であれば原因が特定されます。異なる事象であれば類似する点とそうでない点を確認し、解析をします。この方法によって、いわゆる熟練者の暗黙知を形式知に変え、解析経験が浅い人でも類似案件から迅速に原因特定につなげていくことが可能になります。最後に残った本当の新規の不具合に対しては経験豊富な熟練者が解析したほうが早いのですが、この部分は品質不具合データベースに過去トラが蓄積されればされるほど、新規不具合は減るので原因特定は迅速化されます。

索　引

索　引

【ま行】

【や行】

【ら行】

著者紹介

山田 浩貢（やまだ　ひろつぐ）

1969 年名古屋市生まれ。1991 年愛知教育大学総合理学部数理科学科卒業後、株式会社 NTT データ東海入社。製造業向け ERP パッケージの開発・導入および製造業のグローバル SCM、生産管理、BOM 統合、原価企画、原価管理のシステム構築を PM、開発リーダーとして従事する。

2013 年、株式会社アムイ（https://amuy.jp/）を設立。トヨタ流の改善技術をもとに IT/IoT のコンサルタントとして業務診断、業務標準の作成、IT/IoT 活用のシステム企画構想立案、開発、導入を推進している。

主著に『品質保証における IoT 活用－良品条件の可視化手法と実践事例』（日科技連出版社、2019 年）、『「７つのムダ」排除　次なる一手　IoT を上手に使ってカイゼン指南』（日刊工業新聞社、2017 年）、連載記事に「トヨタ生産方式で考える IoT 活用」（ITmedia MONOist、2015 ～ 2018 年）、月刊『工場管理』（日刊工業新聞社）にて 2018 年より連載している「解決！ IoT お悩み相談室」がある。

Excelユーザーのための Power BI 品質解析入門

BIツールによるデータの「見える化」と解析

2024年10月5日　第1刷発行

著　者　山　田　浩　貢
発行人　戸　羽　節　文

検　印
省　略

発行所　株式会社 日科技連出版社
〒151-0051　東京都渋谷区千駄ヶ谷 1-7-4
渡貫ビル
電　話　03-6457-7875

Printed in Japan　　印刷・製本　河北印刷株式会社

ISBN 978-4-8171-9803-7
URL https://www.juse-p.co.jp/